Industrial Design of
Large Equipment

大型装备
工业设计

唐智　程建新　著

化学工业出版社
·北京·

内 容 简 介

本书结合笔者团队多年的科研与教学成果，全面介绍了大型装备的发展以及工艺设计的发展历程，从美和人的角度阐述"好的装备一定是人性化的，一定是美的"的理念，结合高铁、大飞机、大型机床等设备的设计案例，介绍了外观设计、人因工程学、设计行为学、设计心理学、虚拟现实设计等各种设计理念与手段，使读者对于大型装备的设计有一个全面了解和提升。

本书适宜于机械相关专业人士参考。

图书在版编目（CIP）数据

大型装备工业设计 / 唐智，程建新著 . --北京：
化学工业出版社，2022.12
ISBN 978-7-122-42264-4

Ⅰ . ①大⋯　Ⅱ . ①唐⋯ ②程⋯　Ⅲ . ①工艺装备－工业设计－研究　Ⅳ . ①TB47

中国版本图书馆 CIP 数据核字（2022）第 178365 号

责任编辑：邢　涛　　　　　　　　　文字编辑：袁　宁
责任校对：田睿涵　　　　　　　　　装帧设计：韩　飞

出版发行：化学工业出版社(北京市东城区青年湖南街 13 号　邮政编码 100011)
印　　装：北京科印技术咨询服务有限公司数码印刷分部
787mm×1092mm　1/16　印张 11¾　字数 257 千字　2023 年 1 月北京第 1 版第 1 次印刷

购书咨询：010-64518888　　　　　　　售后服务：010-64518899
网　　址：http://www.cip.com.cn
凡购买本书，如有缺损质量问题，本社销售中心负责调换。

定　　价：98.00 元

序

    程建新教授是我的老朋友，认识唐智教授也已有多年，这次受他们之托为《大型装备工业设计》一书写序，确实从内心觉得这是一件极有意义之事。 程建新教授毕业于上海交通大学动力装置专业，是个地道的"理工男"，毕业留校后却很快"不务正业"，一心想做画家，并教起了绘画课，随后又把艺术和机械结合起来，参与筹建上海交通大学的"工业设计专业"，是我国较早倡导"工业设计"的学者之一，后来成了上海工业设计的领军人才，也是华东理工大学艺术设计与传媒学院的原院长。 这次他受早年的学生、现任东华大学工业设计学科负责人唐智教授邀请，共同撰写了《大型装备工业设计》一书。 受他们之邀我为此书作序，我想借此为所有勇于创新、努力探索者鼓鼓劲，为我国高端装备制造业的设计创新加加油。

    在我国，工业设计于 20 世纪 70 年代末启蒙，直到 2007 年"中国科协年会"上首次设立了"创意产业与工业设计"分会场，引发了全社会广泛关注，随后，在 2010 年 8 月由中央 11 个部委联合颁发了《关于促进工业设计发展的若干指导意见》，逐渐把工业设计纳入了国家重大战略决策。 近年来，国家和上海市各层面都高度重视工业设计和产业创新，出台了一系列的政策文件来推动高端装备制造业的发展，为国家和上海高端装备制造业的发展营造了良好的政策环境。

    大型装备是一个大的概念，既包含了装备的尺度，也有其内在含义。 就我了解，近年来智能制造装备便是其一个重要的发展方向，智能制造装备是具有感知、分析、推理、决策和控制功能的制造装备的统称，它是先进制造技术、信息技术和智能技术在装备产品上的集成和融合，体现了制造业的智能化、数字化和网络化的发展要求。 智能制造装备的水平已成为当今衡量一个国家工业化水平的重要标志，所以中国要从制造向创造转型的话，在高端装备领域需要一大批科研工作者不懈的努力。

    工业设计在国内甚至全世界都算一个年轻而朝气蓬勃的专业，这几年越来越受到国家和地方政府的重视，具体的抓手包括由工信部牵头建设了一批国家级工业设计中心，其中大多数都是在高端制造业领域。 像我熟悉的三一重工、中国铁建、中国中车都建设了一批国家级工业设计中心，这也说明了国家希望通过工业设计进一步对我们的高端装备产品进行升级和开发。

　　工业设计就我理解是一个需要将工程与艺术高度融合的专业，也被誉为产品开发的最后一公里。 我国高端装备与欧美发达国家还有一定的差距，而在工业设计领域的差距可能更大，所以非常高兴看到程建新教授和唐智教授可以将多年来在产业中的实践案例转化为学术成果并付梓，这对大型装备产品的发展必将起到重要作用和深远影响。

湖南大学设计艺术学院教授，博士生导师；

第七届国务院学位委员会设计学科评议组成员；

教育部高等教育工业设计专业教学指导分委员会主任委员；

中国工业设计红星奖评委主席

前　言

　　大型装备其实是一个不太国际化的称谓，目前国际上使用比较多的是智能装备、机械装备、航空航天装备等倾向于领域和行业的称谓。 但是由于历史原因，我国在很长一段时间内都是在追赶西方工业的道路上，其中尤以大型装备为主，所以慢慢便有了大型装备一词。 例如在纺织机械中就有宽重型纺机、大尺寸织机等。 但是仔细考虑起来，这样的称谓确实有不太严谨的嫌疑，因为大型的具体标准是什么？ 这个标准每个行业都不同，即使同一个行业产品对大型的概念也没有具体的标准，但是这个词对很多机械、航空航天、交通行业的从业者来说并不陌生，因为中华人民共和国成立后几代工程人的工作目标就是在不停地完善我们的大尺寸装备，这个大尺寸除了指成型尺寸，更重要的是如何在这种超大尺寸空间中完善我们的产品，所以我们选择了这个称谓作为此书的研究对象。

　　工业设计的发展在国内的时间并不算长，虽然一些严谨的学者可以将国内工业设计的历史追溯到 20 世纪 70 年代，甚至民国时期，但是真正大规模成建制地培养专业人才主要还是从 20 世纪 80 年代开始，而且主要是轻工类、艺术类人才为主，这就使我们的设计对象较为小型化。 这种情况并不是中国特有的。 21 世纪初，英国皇家艺术学院的工业设计专业只有三个方向：陶瓷及玻璃制品、消费类电子产品和木材家具产品，交通工具设计是独立的一个专业，另外产品设计是和帝国理工学院合作的，在两所学校各学习一年。 所以放眼国内外，确实很少有学校将大型装备类产品作为主要的研究对象。 这也与两个因素有主要关系：第一是 20 世纪 90 年代后，包括手机产品在内的电子消费类产品大量出现，因为和消费者是零距离接触，产品必须要有先进的工业设计，所以大量的工业设计从业者进入了这个领域；第二是因为大型装备的功能性通常排在第一位，所以迭代性较弱，对工业设计的需求也不是非常迫切。 基于这两点原因国内外都很少有大量的设计师专业从事大型装备的设计。 乔布斯在去世前曾定制了一艘游艇，请的设计师是菲利普·斯达克，众所周知，他是一位设计杂家，设计的对象包括家居产品、手表，甚至室内设计，所以由此看出在专业性的装备领域并没有形成不可替代的设计团队。不过这也是中国的机会，如果可以借由我们目前工业振兴的机会大力发展装备产品的工业设计，那么再过 10 年，在兼具成本优势的基础上，我们在这个市场上必将引领世界。

中国加入世贸组织之后，逐渐成为机电产品的第一出口大国，我们在国际市场上发现除了产品性能外，我们在工业设计上的差距也是巨大的，后来虽然产品的性能和西方接近，但造型和设计上的差距被更加强烈地放大了，所以我们也很难真正进入到发达国家的装备类产品整机市场。不过这几年由于新能源汽车、高速列车、大飞机领域的振兴，我们在装备类产品的工业设计上有了长足的进步，2022 年上半年我们的新能源汽车的出口扩大了 40%，已经开始抢占欧美市场，出现一车难求的局面。交通工具类产品是和人密切接触的产品，需要很高的设计眼光和设计水平，而欧美市场在这方面又相当苛刻，这足以说明我们在装备类产品的工业设计上有了质的变化。不过这只是我们撕开了一个缺口，在工程机械、航空航天、纺织机械、农业机械领域我们还有大量的产品需要工业设计，这也是本书诞生的最主要原因。

本书结合多年的设计实践和教学经验，在保证科学性、知识性和实用性的前提下，从五个不同的切入点进行阐述。本书前两章以工业设计的发展前景、大型装备的发展过程几个方面为主要内容，从"美"的角度出发进行相关理论阐述，并用大量的设计案例来对大型装备工业设计方法进行解析，并指出"好的装备一定是美的装备"这一观点。第三章以工业设计方法为主要研究对象，从外观设计、人因工程学、设计行为学、设计应用等角度阐述美与产品设计的关系，包括寻线法、感性工学、产品的亲社会趋势、虚拟现实的应用等内容。第四章主要进行案例分析，以大型装备的应用以及蛋产品包装机的设计等为例，以多样性的案例讲解了设计的整体思路以及具体过程。第五章是以大型装备工业设计的未来发展方向为重点，分析与展望了大数据在装备类产品的应用、智能制造与工业设备的关系、少人化与无人化的发展趋势以及未来工业美学等内容。

本书具有以下三个特点。①将大型装备作为主要对象进行研究。本书主要针对大型装备的工业设计，这类研究成果在国内出版物中鲜有人涉猎，书中的内容可以使读者了解大型装备的工业设计并为他们提供一些新的思路。②实用性强。从知识和理论两方面入手，并在此基础上列举了大量设计案例，图文结合，使读者对大型装备工业设计的应用有更深的理解。③前瞻性强。本书内容涉及广泛，其中包含了很多当下最先进的前沿理念以及对于未来工业设计发展的理论，可供读者学习讨论。

大型装备工业设计作为设计领域重要的一支，与制造业的发展有着密不可分的关系。 本书可以作为产品设计、工业设计专业学生及相关从业人员的指导用书。

本书大部分章节由唐智编写并对全书统稿，程建新参与编写了本书前三章，黄建明、吴怡霏、程丽敏、郭小慧、王建平等研究生也参与了本书的部分工作，特别要感谢黄建明同学，她认真负责的办事态度以及严谨、高效的工作方式保证了本书的顺利完成。

由于作者水平所限，书中不足之处在所难免，希望读者批评指正。

唐智

2022 年 7 月

目　录

4 案例与应用　　101

1

绪　论

1.1　来自时代的要求

智能制造是描述未来生产的一个广泛使用的术语。自 2008 年全球危机以来，重新振兴制造业这个问题已被列入许多国家政府的政治议程，目的是创造更多的就业岗位和促进经济增长。

在中国，由于"中国制造 2025"发展策略的明确提出，信息科技与先进生产科技发展迅速。成为装备制造业最关键一环的机械行业，将继续获益于国内经济社会增长，持续增加的基本工程建设投资。我国对煤矿、有色金属、建筑材料及水利设施等领域的大力支持，对安全及节能环保的日趋关注，"一带一路"沿途各国基础设施建设投资等需要，机械设备市场将有望迎来巨大的成长。

2021 年 3 月 11 日，第十三届全国人民代表大会第四次会议表决批准了有关国家发展的下一个五年规划以及国民经济远景目标纲领的决定。纲领中指出，要坚定不移地将国家发展经济的着力点放到实业经济发展建设上来，加速推动制造业强国、质量强国的战略建设，积极推动先进制造业与现代服务业的深度融合，进一步增强工业基础设施支持带动的能力，形成实体经济、科技、现代金融服务、人才发展的新时代工业经济体系。保证国民经济自主可控、安全高效增长，推动产业基础设施先进化、生产线先进化，维持制造商生产比例的基本平衡，提高制造商国际竞争优势，推动制造商生产高效发展。深入推进制造智能化和制造工程绿色化，鼓励现代服务型制造商的创新模式，推动制造商生产高端化与智能绿色化。积极建立智慧制造商示范性生产基地，健全智慧制造商技术标准管理体系。深化实施质量升级行动，鼓励制造业产品"增种类、提质量、创品牌"。

在这种情况下，挖掘市场的特征性预测工作对未来的市场决策和可持续发展具有重要意义。一方面，预测市场长期发展趋势、确定影响因素有助于国家有关部门调控宏观经济；另一方面，市场运行信息对机械制造业及其上下游产业具有重要影响。

传统的机械设计方法注重功能结构的实现，以满足机械条件为主要设计准则。随着计算机的发展，更多的辅助设计软件帮助设计师完成产品的设计。在提高设计效率的同时，机械行业的成果单一化严重，这种传统的设计方法已经逐渐无法满足用户的需求和市场的需求。国内不少专家学者提出了"将工业设计理论和方法融入机械创新发展"的理念，极大地改善了机械的品牌识别、产品造型、色彩绘画、人机工程学等问题。

工业设计的主导作用如下。

设计是一门研究形式或风格变化和规律的学科。产品设计通常被界定为"一项特殊的服务工作"——一种因为满足用户（消费者）和制造商之间的共同利益，而优化了商品和产品系列的造型、功能和应用价值，并适当设计人类生活环境的创造性活动，它是一门综合应用学科。

在设计活动中，工业设计更倾向于对产品概念、造型、色彩搭配、视觉界面和人机关系的研究。工业设计的核心理念是"为人类创造更美好的生活，创造更美好的世界"。利用工程设计中的创意活动，对经济、社会、环保和道德等问题进行反映，并提出具体解决办法，使之形象化和可操作化，从而形成良好的生产、系统、服务体验以及商务网络[1]。

华东理工大学程建新[2]认为，技术创新的根本属性在于"一种将策略性解决问题的过程应用于产品、系统、服务及体验的创造性活动"。

对于中国制造业的发展情况，中国工程院徐志磊提出：制造业有了更加先进的技术、更加丰富的资源、更加丰富的理念。如图1-1，先进制造是集中解决问题的制造，需要将附加价值、服务和软件连接到生产中，同时开拓用户设计和材料再循环及应用超效率的工艺过程。

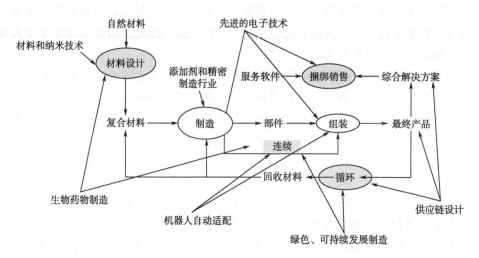

图1-1　关于先进制造业的制造技术研究简图

2017年，我国出台了《新一代人工智能发展规划》。如果在前期技术研究阶段是人工智能运算，那么在2017年以后的技术研究阶段便是人工智能2.0。而二者最大的不同，是第二代的人工智能已经开始使用大数据分析智能、集群智慧、跨媒介智慧、人机共混提升智慧、人类主动智慧体系，以及在智慧城市、智能医疗、智慧制造等方面进行了应用和探索[3]。

在2019世界数字经济大会的主讲坛上，浙江大学潘云鹤进行了题为"AI 2.0和工业经济发展智能化"的讲座。他指出，未来通过人工智能技术与制造业的融合发展，其将在工厂、企业经营、产品创新、供应链、经济调节等五大应用领域，取得更进一步的蓬勃发展[4]。

毋庸置疑，工业设计促进了"十四五"规划和2035年远景目标的推进，有力地发展了中国制造业，帮助其早日达成中国版的工业4.0。

1.2　工业设计与机械工业融合的意义

工业设计的课程可以帮助机械工程师更好地理解和欣赏设计及其方方面面。这种理解对于专业工程师来说至关重要，因为机械工程师经常与工业设计师在一个协作、高效的环境中工作。

工业设计是指从航天飞机和汽车到微型计算机和手机等工业产品的功能规划和外观美化。在很大程度上，这些产品的功能和机械结构设计是工程师的工作。设计者用吸引人的外壳包裹内部结构。相反，美国工业产品设计学会（IDSA）把制造业产品设计界定为"为客户和制造者之间的共享收益开发或优化企业商品和信息系统的能力、经济价值和外形，并提供专业的服务"。根据美国国家艺术与设计学院协会（NASAD）工业设计项目认证委员会的说法，工业设计是视觉艺术和技术学科的综合体，需要使用沟通技巧来设计对用户和制造商都有利的产品和系统。

在国外，机械行业多是和智能制造相关，关于智能制造的出版物数量正在迅速增长并吸引了诸多研究人员的注意，他们在文献中报告了自己的发现。研究人员阐述了德国的工业 4.0 倡议和其他国家的制造业产业升级，试图确定相关的研究问题。他们回顾了与智能制造有关的文献，并确定了对其进展具有重要意义的技术。此外，还讨论了智能制造的一些未来趋势。

技术装备制造处在整个产业链体系的核心部分，是我国国民经济发展和社会主义国民建设的关键基础，是促进我国产业转型升级的主要驱动引擎。

在中国，机械工程及其设备产业是国家着力打造的重要产业之一，它也是各行业产品提升、科技提升的关键保障力量，是国家工业综合能力和水平的主要体现。

21 世纪的今天，全球机械设备制造业步入史无前例的中高速度发展时代。相比于其他产业，中国机械设备制造业发展已具备了如下特点：工业地位基础化，国家注重技术装备制造业的发展，其为新技术、新产业的研发与制造奠定重要的技术物质基础，从而成为发展现代化经济所不可缺少的战略性行业。因此，即使作为正在发展"信息化社会"的工业化大国，也无不高度重视机械制造业的发展。我国机械工业作为一个朝阳产业，未来的发展空间很大。

工业设计与机械工业的融合将助力我国工业焕发出新的生机。

数字孪生，顾名思义，需要一个物理孪生体来进行数据采集和上下端驱动的交互。数字孪生系统中的虚拟系统模型可以在运行过程中随物理系统状态的变化而实时变化。如今，数字孪生由连接的产品（通常使用物联网）和数字线程组成。数字线程进行了与整个系统生命周期的连接，并从物理孪生体获取信息，并更新在数字孪生体的模型中。图 1-2 是在基于模型的系统工程（MBSE）框架内的数字孪生的概念。

如图所示，数字孪生连接虚拟和物理环境。物理环境包括物理系统、机载和外部传感器、通信接口，可能还包括在开放环境中工作的、能够访问全球定位系统（GPS）数据的其他部分。与物理系统相关联的操作和维护数据都提供给虚拟环境，用来更新数字孪生中的虚拟模型。因此，数字孪生体成为物理系统的精确和即时的表示法，也反映了物理孪生体的操作环境。重要的是，即使在物理孪生体出售之后，其与物理孪生体的关系也可以继续存在，从而跟踪每个物理孪生体的性能和维护历史、检测和报告异常行为，使持续维护服务成为可能。

数字孪生的功能：

① 用现实世界数据验证系统模型。操作环境数据和系统与该环境的相互作用可以

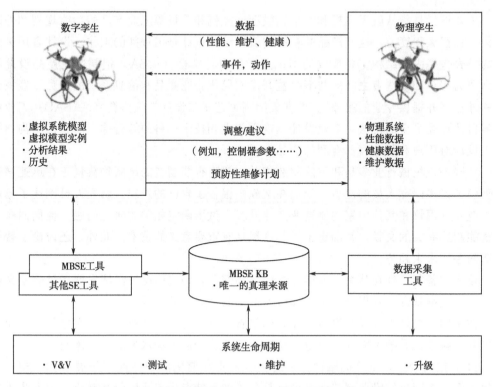

图 1-2　基于模型的系统工程（MBSE）框架内的数字孪生

纳入数字孪生系统，以验证其模型并进行评估和预测。

②　向用户提供决策支持和警报。在整合了操作、维护和健康数据检测等模块之后，可以采用一种设想的分析模式来向物理系统的操作者或用户提供量身定做的决策支持信息和警报。

③　预测物理系统随时间的变化。基于模拟的对物理孪生体的操作、维护和健康数据检测的分析，可以促进操作的优化（包括满足需求和确定优化的根本原因），完善应急计划和提升系统性能。数字孪生还可以嵌入控制回路，以预测物理系统的变化，并调整或修改物理系统参数以处理突发事件。

④　发现新的应用机会和收入来源。有了数字孪生，就可以对不同版本的系统进行评估，以确定哪些功能起到了"物有所值"的作用。机器学习和其他数据科学技术可以促进系统及时分析产生的大量数据，从而对潜在的新用途和收入来源提供支撑[5]。

1.3　好的装备一定是美的装备

自 19 世纪下半叶以来，工业设计行业走过了漫长的道路。行业的先驱们从未设想过，该学科将作为独立的学科帮助我们改变世界的面貌，物质文化的性质、背景和特征，从而永久改变人类生活环境。

世界卫生组织表示，文明从早期自给自足的农业经济向新的世界秩序转变的现象，是由工业革命时代工业化新技术和发明的出现带来的。大规模生产有助于消除由来已久的传统、单一定制（手工制作）的本地商品生产方法随着机器（装配线）和新的大规模生产制造手段的出现，工匠们的手工制作技艺似乎永远消失了。专家在其意见中指出：新的生产要素以及由此产生的现代技术方面的新专长和能力是产生上述变化的原因。

广告和新的传播手段的出现改变了世界发达国家经济增长的整体动力，在这种情况下，大量商品和服务需要分销，制造商之间的竞争变得激烈起来。19世纪末20年代初，消费品的需求达到顶峰。这一需求还受到新消费基准的支配，新的消费基准不仅包括功能性商品，还包括具有审美吸引力的商品，以吸引消费者购买。因此，我们看到产品品牌的质量、美感和美学概念突然成为衡量标准，极大地改变了整个生产方式。随着商品产量的增加，需求量也随之增加，消费者对商品的质量、美观性和性能（功能）的偏好也随之增加。

质量因素和美学因素在产品品牌中扮演了新的角色，之前的质量概念倾向于3Fs的原则和信念——"形式遵循功能"或"功能产生形式"。在工业革命时代，人们相信，如果一个产品具有功能性，那么它一定是一个好产品。这个模板后来被证明是错误的，产品具有功能并不意味着它一定是好的。

消费者首先是人，因此总是会被具有一致属性的，符合他们的文化、社会经济偏好的产品和服务所吸引，甚至有时会寻求符合或满足其社会地位象征的产品。因此对新生产方式的需求成为了唯一的选择。这使对工业设计的出现以及工业设计师、建筑师、产品设计师和设计美学家的需求变得越来越紧迫。将这些专业人员加入生产过程中，明显改变了陈旧而乏味的商品生产方法。这种专业设计人员的注入产生了新的产品，如冰箱、电话、电视、汽车甚至飞机。

审美成分在产品生活中的作用、影响和地位可以说是构成产品精神、灵魂、内容和本质的要素。其形式、形状、形态、特征以及所有其他决定产品品牌是否符合要求的属性决定了品牌在市场上的成功与否。所谓产品的美学成分，我们指的是美感、颜色、形状（形式）、字体（排版）以及给定产品散发或承载的总体美学氛围，这通常决定其作为品牌的适销性、盈利能力和成功率。另外，美学的历史可以追溯到古希腊时期，希腊语中的"Aisthetikos"是指与感官感知有关的"美学"。根据歌丝美雅关于"美学"的著作，她同意美学的意义与艺术研究和哲学有关，认为它关注的是对美和品味的研究。

"设计美学"一词可用于描述特定风格和未经验证的创意原则，包括装饰、边缘描绘、纹理、线性形式的运动、对称性、颜色、粒度（指由大小颗粒组成的质量）或粗糙度、光和阴影的作用，最终达到设计的整体和谐。因此，将所有这些因素与美学在产品设计中的基本作用联系起来，可以构成一个设计场景。设计师巧妙地、仔细地安排设计在给定产品中的视觉和物理元素，如颜色、材料、形式、品牌特征，甚至灯光（或照明材料）的亮度和作用，以在产品上产生最大的独特视觉影响，并使其比竞争对手具有额外优势。美学在设计中的作用还包括对产品材料和物理结构的巧妙操作，以达到需求的效果。例如，使用透明塑料或玻璃等材料，可以使产品的颜色与周围的背景混合产生有趣的效果；使用细金属丝网，使产品与流动和凝固的烟雾进行亮度混合；使用薄薄的半透明织物，使产品上的光漂浮和扩散；使用反光板，让产品融入周围的环境。这就是设计中美学成分的吸引力和作用。威尔逊认为产品的美学和视觉符号可以被看作更深层次的文化符号，除此之外，他还说："产品的特定功能集可以因文化而异。"

自威廉·莫里斯时代以来，他的座右铭"为艺术和工艺的联系"一直引起人们对这些概念的兼容性的怀疑。但是，众所周知，"丑陋是非卖品"，人类在创造机器时不得不更深入地思考更美的产品创造过程，人们已经明白了机器的生产不仅仅是机械零件的连接。

美学和制造工业产品的文化作用正在世界范围内广受重视。在这种情况下，一般的设计理论分析，特别是工业设计理论分析得到了发展。

在设计理论的世界里，出现了许多科学著作。在现代设计理论的代表人物中，对设计本质、设计产生和发展历史进行深入而始终如一的研究作品包括：索莫夫《技术中的构图》，比斯特罗娃《设计中的事物现象：哲学和文化分析》，科维什尼科夫《设计：历史和理论》，梅德韦杰夫《设计的本质》……

然而，现代世界需要在设计领域进行额外的研究，特别是在工业设计方面，因为人类的总体技术进步依赖于此。

工业装备制造类产品一般都是既有产物，而且已经基本定型，因此设计师的创作空间很受限。虽然工业产品设计是美学和科技发展的平衡，但我国当前的工业装备制造业的产品设计理念还停滞在单纯的"形式为功用附属"的初级阶段。而形状又是工业产品设计成果化的重要载体，不但能给人一种冲击力，而且它所体现出的形式、风格也会给人以美的感受和美学的体验。在当今社会，由于国际竞争激烈，形状美学在工业装备制造业产品上的需求也越来越突出。但由于形状的设计常常受构造、力学、材质、工艺技术、制造工艺等各种因素的综合影响，因此怎样掌握好形状与产品的符合性，并在此基础上对形状加以美学的设计，是此类产品设计的焦点问题。这就需要设计者具有很好的艺术设计基础和较高的审美能力，能把造型美学恰如其分地注入产品设计之中，从而达到形式与功用、美学与科技之间的平衡。

有关产品美学自古就有研究，产品表达是否有助于产品审美以及质量仍然停留在理论层面有待被证实。然而设计师应该考虑到产品间的关联，运用一般或特定的知识，发现人们在认识和感知产品时可能会受哪些方面影响。

一般来说，一种具有美观形式的产品往往比缺乏这种造型力的产品更具有吸引力。

尽管缺乏审美吸引力对产品来说是不可取的，但过分强调外观也可能对产品的成功不利。这项研究基于这样一种认识：虽然风格和功能都是可取的属性，但过分强调风格可能导致感知功能性的降低。然而，有些仍没有考虑到的问题，例如，造型是否会导致次要或主要功能问题，或者产品是否在娱乐环境中使用。

值得注意的是，美学和功能之间的平衡并非对所有产品类型都同等重要。例如，艺术作品以其最纯粹的形式可能成为与功能无关的产品的最高范例，因为美学而非功能性是评估这些产品的基础。因此，对于这些类型的产品，研究样式影响功能的实例似乎没有什么意义。相反，研究功能对样式的影响适用于实用性产品，因为功能性是这类产品的核心，审美吸引力是可选的。

工业产品观察员发现：商业产品不一定能让任何人看起来感觉更好，而且它们通常没有显著的美学价值。该领域的大多数研究人员没有提到工业产品的外观，他们的遗漏意味着人们感觉到他们缺乏专业的知识。产品美学的引入，在研究工业产品设计中使用多属性价值分析，研究人员使用了一系列技术、经济软件和供应商标准进行分析。考虑到商业决策者也是人，产品外观势必会对选择产生一定的影响。但考虑到需要证明决策的合理性，那些与功能任务密切相关的因素可能是更强有力的选择决定因素。

对于非艺术性质的产品来说，设计风格可以补偿产品评估中一个次要功能问题的影响。不足为奇的是，消费者对即使是具有优美造型或强烈美感的产品的评价也更多地受到主要功能的影响，而不是受到次要功能的影响。然而，值得注意的是，在传统产品上消费者对造型的评价持相同的水平。这一结果表明，在一定情况下，造型没有任何有利的影响。一个关于参与者对产品印象的开放式问题的非正式调查也支持这一观点。无论它看起来有多好，它都需要功能性。

就工程设备类产品而言，装备制造业类的工程产品设计的主要过程与概念导入方法都与其他类大致相同，只不过在一些方面有所侧重，也存在着各自的某些特殊性。一般而言，其设计流程分为四个阶段：设计规划阶段、设计草案阶段、设计深入阶段、设计验证实施阶段。经过比较调研后表明，目前国内的该类企业还处在仿制与学习过程中，就总体风格而言，在产品设计上更倾向于保守，多使用传统钣金折弯、拼焊工艺，而生产设备外形方正、呆板；颜色方面，由于国内产品市场不太重视对色彩的选择，且上色随意，造成商品观感低沉、冷漠；人机交互技术方面仍仅限于机器自身，并没有提升到以操作者为中心的产品设计思想，因此缺少了亲和力。反观 DMG 所出品的一系列商品，从工艺技术上来说，更大胆地运用钣金和冲压生产工艺，给商品带来了更多的可能性，形状更为灵活多样；颜色运用精细考究，使产品设计总体观感上更为前卫大胆，并明显区分于其余同行业产品设计，从而构成了自身鲜明的视觉风格；在人机交互方面则尤为强调人和机器设备之间的关联，各模块设计例如操控面板等分布位置均以操作员为中心布置，以便于操作员对机器设备实施各项操控。DMG 的细节设计，无论是旋转滑动的开门方式、大面积全透明视窗，还是可调整距离、视角的操控面板等，都以产品适应人的行为习惯为主要设计思想，让产品更加地个性化。

2

大型装备发展过程

2.1 装备类工业设计的概念

2.1.1 工业设计在装备类产品中的出现与意义

高端装备，是指因技术含量高、投入资金大、涉及的专业领域多、服役寿命长等，而在开发和生产中通常必须组织跨部门、跨行业、跨地区的力量，才能进行的一种高技术装置，它涵盖了航空工业、运载火箭及技术应用产业、城市轨道交通装备制造业、海洋工程装备和智能制造技术装备等五大细分产业范畴。

目前，由于高端装备工业已被国家确立为"中国制造2025"纲领中需发展的重要行业，并位于国家重要新兴产业之中，所以，其工业设计创新的能力对于我国国民经济及行业发展有着重大的战略意义。而放眼于当今世界，高端技术装备竞争已经上升为强国间博弈过程中的重要基础和缺一不可的利器。技术装备强则国强。所谓国与国竞争，其实也就是装备工业技术水平的竞争。但目前，由于中国的工业设计创新能力大多集中于轻工产品领域，对高端技术装备的工业设计缺乏关注，这就使得技术装备自动化水平低、美感不足、信息交互性较弱，结果导致了其价值偏低，不能在国际上产生有效竞争力。怎样在高端装备类产品研发中更好地融合传统工业产品设计，以提高其总体质量与价值，已成为现今高端装备产业最急需解决的问题之一。所以，认识当前高端技术装备的产品特点，并提供适用的工业产品设计创新原理与方法，对于当前高端装备产业的未来战略发展将具有重要的现实意义。

潘云鹤指出，二代人工智能与产业经营的融合可以在五个方面共同深入、具体进行，这五大方面分别为生产制造的智能化、公司运营的智能化、产业创造的智能化、市场供需连接的智能化以及企业经营调控管理的智能化。

制造过程智能化是最直接的技术表现，在部件拆解、智能连接、智能组装、智能搬运、智能测试、设备运维、制造流程和工艺优化环节，目前国内不少企业都已经展开了优化生产与技术创新的探讨。浙江省新昌的100余家轴承公司，在使用了互联网平台之后，由过去的块状经济逐步转为了网上生产——利用互联网将生产任务分包到了其他公司，就像装配那样。目前，新昌轴承公司的生产机械设备平均使用率增加了20%，企业人均能耗减少了10%，公司平均利润增加了5%。

2.1.2 装备类产品的美学特征及发展历程

中国美术学院上海设计学院范凯熹曾说过："人类和机器将成为共同设计者。"时代也给工业设计者带来了全新的需求。在3D打印流行的当下，四维设计（4D Design）或将成为未来设计师的设计新方式。4D的第四个维度是时间，所制作的产品通过光线模式、声音、运动和其他动态显示等内在行为随时间变化进行设计。

当代设计师都在迎合以软件为主的市场，未来设计师可能会专注于研究物理交互。克兰布鲁克艺术学院将学生培养为"制造者（Maker）"，而不仅仅是艺术家、设计师，通过社交环境，自主学习，突破传统设计领域，动手制作产品。

在未来，使用代码，电子和嵌入式计算，计算机朋克智慧，数据可视化，AR、VR、XR 体验，产品设计解决方案和商业头脑，探索参与性感官体验，艺术编程计算，有形互动体验等，将被视为工业设计师学习的基础。工业设计为我们的生活带来了许多新的可能[6]。

纵观工业设计史，工业设计在制造装备类产品中经历了漫长的发展过程。19 世纪50 年代，英国人在伦敦海德公园内召开了世界上首届国际工业博览会，因为展览会是在"水晶宫"展览馆中进行的，故称为"水晶宫"国际产业展览会。

这届展览会在行业发展历史上有着重要意义。既较为全面地介绍了欧洲和美国早期发展的成果，又揭示出了工业设计中的各种问题。

这届展览会集中地披露了工业科技和美术形式完全分离所形成的难题，不完善的工业设计形式也引起了英格兰人民的反对，而寻找解决的办法成为了伦敦"工艺美术运动"所形成的最直接因素。

"美学"是一个非常古老的概念，直到 18 世纪，这个概念才开始指感官愉悦和快乐。最近，有人提出这样的美学定义，即从感官知觉中获得的快乐。这个定义是最恰当的，因为它将美学现象与其他类型的经验（例如意义的构建和情感反应）明确区分开来。在采用这一定义时，在美学概念使用上的一些误解变得突出，下面将对此进行简要讨论。

美感不限于艺术或艺术的表现形式——许多艺术表现形式，如艺术作品、音乐作品和设计作品是有美感的，因为它们可以唤起观察者或使用者的愉悦感。但其他非艺术现象，如人、风景和日落也可以是有美感的，因为他（它）们的外观可以让我们觉得美丽或有吸引力。

审美不局限于视觉领域——视觉艺术明显主导了西方艺术，因此，美学的概念经常被用作视觉美的代名词。然而，如果我们同意美学通常指的是感官上的愉悦，那么聆听、触摸、嗅觉或品尝也可以是有美感的或令人愉悦的。

审美快感不是一种情感——这可能是对于我们的定义最有争议的地方。许多情感领域的学者一直在理论化所谓的审美情感，主要是指"正常"的情感，如兴趣、爱好和惊喜，这些情感通常发生在但不限于与艺术作品的邂逅中。这些情绪是否属于特殊类别或根本不算情绪一直存在争议。笔者认为，情感本身根本不可能是有美感的。

审美反应仅限于来自对物体的感官知觉的满足，并且对我们的关注点没有任何影响，对我们的情绪来说是重要的一类错位状态。简而言之，要唤起一种情绪，必须违反或满足某些关注，例如目标或期望。然而，审美反应是"不感兴趣的"或疏远的，因为除了感知被感知对象本身之外，没有其他动机受到威胁。快感简单地来自感知行为本身。这当然并不意味着审美体验不能产生（积极的）情感，或者对艺术的反应不能打动人心。正如布拉德和扎托雷的研究所示，大多数人在听自己喜欢的音乐时会产生强烈的情绪反应。审美反应如何以及何时导致何种情绪是一个复杂的过程，需要对潜在情绪的评估过程有更深入的了解。

审美不是某物的一个方面、属性或元素。根据我们的定义，任何属性都可以引发审美反应，只要该属性通过刺激其中一种感官并被认为是能令人愉悦的。尽管我们将证明某些属性比其他属性更可能引起这样的反应，但理论上（和经验上）不能说一个属性或元素是审美的。

我们的视觉系统被调整用来组织信息，为到达我们视网膜的大量信息带来结构或秩序。通过分析边缘、轮廓、斑点和基本几何形状，感知心理学已经很好地理解了我们的感知系统如何理解我们的环境。然而，为了表示我们周围的事物，我们需要注意到哪些元素属于同一个对象。

在颜色、大小或形状上看起来相似的元素被视为同类（相似性原则），一条被中断并随后继续的线被视为一条线（良好连续性原则），我们倾向于对图案做出最可能或经济有效的解释（Prägnanz 法则）。这些是所谓的格式塔原则或知觉组织法则的例子，这些不仅解释了为什么我们看到了我们所看到的，而且解释了为什么我们更喜欢看到某些图案而不是其他图案。简而言之，我们喜欢查看能够让我们看到关系或创建顺序的图案。

需要指出的是，研究人员通常倾向于孤立地研究对象的属性。虽然这使他们能够控制欣赏变化的来源，但它也留下了一个问题，即仅一种属性的变化，例如"视觉对比"，在多大程度上有助于我们从与汽车、时装设计或雕塑等日常物品的邂逅中获得审美体验。因此，尽管我们将讨论对象的某些属性优于明确定义的其他属性，但我们将特别关注与产品的感知和欣赏相关的那些属性[7]。

"为设计而产品设计"应该视之为"审美观自由"的终极之途，它提倡审美观不依赖于以外部为参考的一个"封闭主义"。这个审美观的封闭性要求，很可能会造成一个艺术家——罗杰·弗莱（Roger Fry）所说的"双重生命"的破裂，趋向了一个单纯形态的"想象生命"，而完全否认了"现实"的实存。"为实用性而产品设计"应该称为"现代社会他律"的极端路线，它力主以生存条件为参考的一个"外缘主"。这样对外缘性的过度依赖，则或许会造成一些社会性因素对自身审美观的戕害和蚕食。

从现代艺术的角度观之，人们理应倡导一个"产品设计的完整性"。这个"完整性"应该既包括"审美观自由"的适度需求，又包括"现代社区自由"的必然维度，也即是在"为设计而产品设计"与"为实用性而产品设计"两者之间，尽可能走一个折中的道路。这是由于"审美观自由"，遵照康德美学的"审美观非功利"原则上的规范，寻求的是"无目标"；"现代社会他律"，遵照实用性主义的功利思考，则以"合目标"为需求。而现代产品设计视为美的生活机制与实用技能技能的结晶，恰恰需要的是在二者之间"调和持中"，才能呈现出一个"合目标的无目标"的完整融合。这才是"产品设计的整体性"的原始美学内涵，因为产品设计自身既形成了一个"自由实体"，又形成了与我们生活密切相关的"社会事实"[8]。

工业产品设计是指以人为本的工业产品设计，因为一切都是为人服务，其基础就是工业设计。除按照美学原理进行设计之外，工业工程设计中也十分重视产品的应用安全性、可靠性和适宜度，以提高人的工作环境；而人机工程科学的"人-机-环境"设计体系就是以人为主要设计目标，以人的生理与身心特征为基础，以改善人的工作质量为主要目的。

"人-机-环境"体系被称为人机系统。组成人机系统"三要素"的人、机、环境，可认为是人机系统中 3 个相当独立的子体系。尽管每一个系统都有自身的特殊属性，但是对一个系统来加以研究并不代表其是各个子系统属性的集合，这一体系的属性还有赖于整个体系的基本组成架构以及体系内在的相互协调关系。所以，深入研究"人-机-环境"复杂体系中的因素，就需要深入地研究人、机、环境得到最佳结合，从而使整个系统给用户提供安全、高效、舒适的功能服务，最终使系统综合利用效率最高[9]。

2.1.3　形式永远追随功能

"形式追随功能"这一理论出自著名建筑师沙利文。最早产生于建筑界，而中国建筑则从 19 世纪开始延续并继承了欧美建筑风格。从进化论视角出发，中国建筑即使具有前者所遗留下的元素和特色，也必须在此基础上加以创新。1871 年，美国芝加哥发生了特大型火灾事故，该市中 2/3 的建筑物化为乌有。在灾后重建的进程中，为了缓解城市内由于商业建筑需要而导致土地短缺的情况，建筑艺术家们创建了一种新兴的建筑流派——芝加哥建筑流派。该学派的创立者是美国工程师詹尼·沙利文，作为芝加哥建筑流派的主要负责人之一，他于 1896 年提出"形式追随功能"的建筑哲学思想，并成为了后来该建筑流派的思想基石[10]。他的芝加哥 C.P.S 百货大厦建筑设计的实际工程项目，就是运用了这一理论知识并发挥了其作用。而沙利文则在《现代高层办公室的美感思考》一书中说道："不管是展翅的雄鹰，还是辛苦的马匹、高空的天鹅，它们均是形式追随功能的定律以及表现。在功能不变的地方，形式不变。'形式追随功能'这一简明扼要的语句，几乎成为了美国人所听见、看见的设计哲学的唯一陈述。"

后来这一理论衍生到了工业设计中，即经常说的"形式追随功能"的创新设计。在 20 世纪 20 年代，中国现代建筑设计领域的现代主义设计运动产生了。它主张现代建筑设计要满足中国现代大工业与生活的需求，是以讲究建筑设计功能、技术水平与经济性为特点的设计流派。其最关键的设计理论，就是功能主义。而功能主义，就是要在产品设计时强调产品的功能性和实用价值，即所有产品设计都应该保证对产品功能与应用价值的充分体现，然后才是产品设计的整体美学感觉[11,12]。

工业设计已经在现代的经济社会发展中越来越占据核心地位了。特别是在这个经济高度国际化的年代，其重要性就更加不言而喻。然而也正是由于这种因素，设计市场的争夺已经越来越激烈了，这更促使很多企业产品设计的重心都放在了形式追随市场上。比如在美国特殊历史背景下所形成的"有计划地废止制"。它是由美国通用汽车公司董事长斯隆与设计师厄尔开创的一种汽车行业产品设计的全新模式，随后整个汽车行业，甚至全球设计行业都开始模仿，并使之成为了商业性设计的首选。而且"有计划地废止制"还极大激发了人们的购物愿望，并且还满足了现代青年人的审美消费观，从而为垄断行业创造了大量的经济利益。不过，这些观念对社会资源产生了巨大的浪费，对环境也产生了非常大的污染，和现在我们所倡导的绿色环境设计理念完全是南辕北辙的。

2.1.4 可行性与美学的互相平衡

设计的理论基础起源于 19 世纪中叶。远在设计作为一种职业出现之前，英国艺术理论家约翰·罗斯金就提出了审美价值产品的概念。他强调："仓促创造的东西，将会仓促地灭亡；有始有终是最可贵的；艺术来源于生活；机器生产限制了产品中制造商和消费者的意志。"

工程中主要的组成类别之间的联系、规律、协调的方法，这些联系的位置和意义，以及理论等部分都在不断改进。由于在设计及其理论中融入了相似领域的东西，一方面来自建筑和艺术，另一方面来自技术，导致出现了巨大的差异。

基于功能结构的造型的特殊性在很大程度上是由技术和人之间特定的关系决定的。

构造学是物质结构在形状上的可见反映。如图 2-1，铸造的支承结构必须在形状上表达清楚，让人们可以清晰地知道它是通过铸造得到的，而不是通过焊接或其他方法。

图 2-1　铸铁锅炉

同时，每个产品的形状可以从其所有元素相互之间以及与空间之间的某种相互作用的角度来看——有时简单，有时复杂。但是，无论空间结构的复杂程度如何，其所有要素的连接系统对于实现真正和谐的构造至关重要。因此，一个组织良好的工业产品的结构清晰性是使其和谐最重要的组成部分。

作为一个协调的整体，任何工业产品的成分都有许多特性和性质。从定义上看，属性可以分为主要属性和次要属性。所以，产品的构成可以建立在对比复杂、富含结构的机制上。空间结构的清晰性和组织性，是比例、尺度、构图平衡等形式的统一性，也是色彩性和色调的统一性。所有这些列出的属性共同组成了一种复杂的构成属性——形式的整体性。

技术上的形式和谐是通过特殊手段实现的，在设计中被称为构图手段。构图手段是指通过改变比例、对比、细节、节奏、重复、形式、颜色和色调、材料纹理等形成形式结构。如对称性是整体及其所有部分相对称的结果。尺度是通过对一个人的形体的所有元素进行有效的处理而达到的，因为每个人的尺度不同，所以要求在设计之前要给予事物正确的尺度。

　　像塑性这样重要的属性，与产品表面和最终结构的组合有关。设计师一般着眼于比例、节奏或对比——通常他同时使用大部分工具，构图的基础就是这样形成的。只有在最后的工作阶段，才需要修整细节、打磨和明确形式性质等。但即使是这种最细微处的推敲，也是设计师在最初的素描阶段，以及在色彩、色调或质感的运用中想出来的。

　　模块化工具（如图 2-2）在理论的结构中起着特别重要的作用，因为它们是工程师和设计师创造性工作中的一种工具包。设计是一个特殊的创造性领域，有其专业的技术和工作方法。这部分知识与艺术设计的方法论相联系，不仅是借助专业的文献获得的，而且主要是在作品制作的过程中，在积累实践经验的过程中获得的。

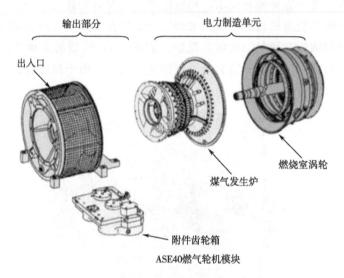

图 2-2　燃气轮机站结构的模块化装配方法

　　考虑到作品的个性属性，深入分析其在各方面所需的制作方法，有必要考虑艺术设计的技术和方法——特别是艺术和设计分析，作品基本思想的选择及其在所有工作阶段的贯彻实施。

　　总的来说，在设计中发展设计方法只能通过科学地提高技术美学理论来解决。对设计创意这一复杂过程的所有组成部分的研究，应该会使我们对这一过程的整体有更好的理解。如图 2-3，可以认为这台机器的组成在原则上是不正确的，但这并不意味着它的形式没有组织起来[13]。

　　观察中国国内的机械产品设计创新方式，人们对机械综合品质的要求也愈来愈高，而机械设计则受材质、构造、加工工艺等各种因素的制约。于是，发明问题的解决理论（TRIZ）的矛盾处理策略、理想化解决策略，以及进化预测技术被广泛运用于机械感性产品设计中。对机械设计要素和感性产品设计要求间矛盾的发现与映射，使产品设计满足了机械产品设计需要。

　　创新设计和评估模型包括三个主要步骤（如图 2-4）：用户需求分析（URA）、基于发明问题的解决理论的创新设计和设计评估。

图 2-3 蒸汽发生器

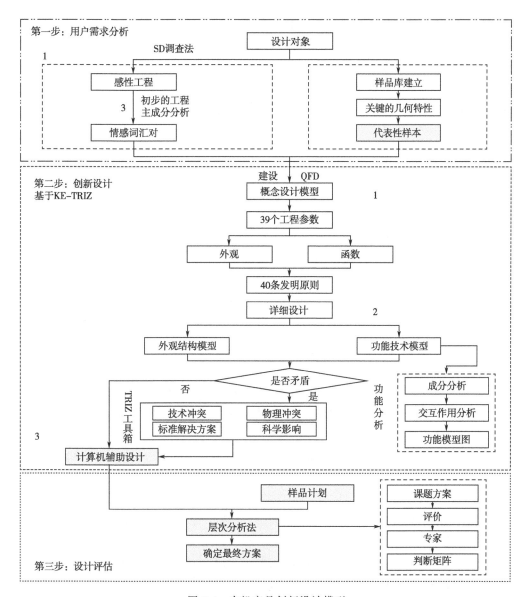

图 2-4 农机产品创新设计模型

这些步骤解释如下：

第一步：用户需求分析（URA）。

① 产品感性形象采集：分析设计对象。本工作以基于功能的农机产品为设计对象。首先通过检索有关文献，并询问有关设计专家，从而掌握了大量的感性词汇。

② 为了满足不同层次用户对设计对象认知特征的要求，借助感受记录法（SD 调查法）严格选取描述设计对象的形象形容词作为实验变量。造型设计要素分析：排除材质和品牌的影响，收集了大量样本。在与具有相关经验的专家和工程师讨论后，根据产品的形状和结构对样品进行分类，然后根据产品的典型特征组合选择具有代表性的样品。

③ 感知成对词的筛选和降维：根据分析归纳出的感知词汇的隶属度，采用李克特七分量表法（一种反映出被调查者对某事物或主题的综合态度，因而被广泛用于衡量态度和意见的评价法，将被调查者的感受程度分为七个量级）对回收问卷数据中典型样本的感知词汇进行评分，采用克朗巴哈系数（Cronbach's alpha）和信度分析进行分析。克朗巴哈系数法可以检验调查结果的可靠性和一致性。主成分分析可以用来提取少量的感知词汇，这些词汇可以代表大多数感知词汇变量。采用主成分分析法，通过各指标的贡献率来选择主要的感知词汇，最终筛选出 4～6 对感知词：

$$\alpha = \left(\frac{k}{k-1}\right)\left(1 - \frac{\sum\limits_{i=1}^{k} S_i^2}{S_x^2}\right)$$

式中，α 是克朗巴哈系数法中的统计因子，k 是项目数，S_i^2 是项目 i 的方差，S_x^2 是所有项目的整体解决方案差异。

当 α 大于 0.8 时，问卷数据可靠。

第二步：基于发明问题的解决理论的创新设计。

创建概念设计模型：以上 4～6 对感知词根据 KE 分为两组。一组是关于外观结构的模型，另一组是关于功能技术的模型。基于现有的农机产品情况，初步构建了各组的概念农机设计模型。

详细设计：通过分析农机产品的感性形象，找出需要改进的农机产品的工程参数，然后进行基于发明问题的解决理论的矛盾总矩阵分析，得出一系列发明原理并进行分析，从而提出农机产品的详细设计原则。分析了外观结构模型与功能技术模型之间的矛盾。如果有矛盾，设计师使用发明问题的解决理论的工具箱对设计模型进行详细分析，使设计模型更加完善。

计算机辅助设计：按照上述步骤，利用计算机辅助工业设计软件对农机产品进行设计。

第三步：设计评估。

专业小组对产品进行最后的评估并不断进行改进，必要时可重复以上步骤。

从上述看出，工业美术设计是一个涵盖科技、美术领域专业知识的综合型课程。

科学技术是产品设计的前提，产品的制造应当严格遵循科技的规定，一切违反客观规律的产品设计都是难以实现的。许多专业产品的工厂设计功能齐全，造型漂亮，因而受到了人们喜爱，但可惜的是却违反了工业生产的客观规律，在构造、力学、制造等领域都难以实现。所以，机械设计的科学技术也是工业产品设计中的重要科学技术，设计师们都必须在了解机械知识的基础上开展工业产品设计工作，在确保工业产品设计工作不违反生产客观规律的基础上，充分运用工程设计师的学科优势，在色彩、构造、造型等领域精雕细琢，使其更易于被使用者所接受。

事实证明，工程师创作的纯功能商品是没有市场竞争力的，画家创造的纯工艺品只能作欣赏，没有实用性。设计与机械设计制造业技术的优势相结合，就可以减少缺陷，从而使"设计"技术得到尽量大的发展，这对于增强国产机械设备制造业产品在国内市场上的竞争力方面，可以发挥重要的作用。

机械产品是中国装备制造业的主要部分。此类产品大多应用于国防、交通建设、自然资源的工业建设与制造、煤炭等原料工业建设与制造、农林水利修建、工业生产和民用建筑、环保等方面。

工业产品设计在机械设计与制造技术中的主要意义，表现在人机工程学方面。人机工程学的主要宗旨是：由于所有设计都围绕"人"，以服务人为基础，所以一切设计理念都需要从人的自身去汲取。人机工程学的特征是不仅要深入研究人、机器、环境三种设计要素，还有消费者或使用者和设计的产品，需要把人和产品当成一种体系来共同深入地探究，而不只是关注个别要素的完善与否。因此我们可以毫不夸大地说，在现代社会中，凡是发展成熟的机器设计中，都缺少不了人机工程学的设计。

所谓体系是指有相互关系、互相影响的东西按一定方式组合在一起，并具备一定作用的有机集合体。"人机系统"是由相辅相成、彼此关联的人与工具两个子系统所组成的整体，且实现了一定功能的一种有机系统。其中的人是指所有机械的操作者或用户，而工具则是指由人所控制或运用的所有机械设备、工具的统称。

人机工程学即人的因素工程学，是中国在数十年中高速发展起来的一种交叉科学研究，主要运用了生物学、健康学、心理学、人类测量学、工业系统工程学、经济社会学和管理学等领域的先进理论知识与方法，重点探讨了人、机器、环境三者间的交互关系，并通过采取合理的设计手段改善这种关系，使作业系统达到最令人满意的运行质量，并维护人的安全、健康和舒适性，使处在各种状态下的人得以有效、健康、安全、愉快地作业与生存。

在人机系统中，人起着调节器的作用。人能够对来自被控对象的情报信息进行接收、分析，做出决定，并产生控制命令的信息，转发给系统的各个环节。

由于机械设备的功能和技术装备水平的日益进步，人对机器运行状态的认识与控制变得更加复杂。科学技术的提高，大大减少了操作者的体力劳动，而人在脑力上的工作压力也增大了。在加工制造过程中，信息在时间和空间上的密集化对操作者的加工制造劳动过程产生了重要影响，因此通常对操作者的反应速度和准确率要求也愈来愈高了，人直接参与自然产物的加工过程也大大减少了，逐步被对远距离加工客体用监视和管理的工作方法所取代。

2.2 国内外装备产品分析

2.2.1 装备类产品的美学分析

工业产品设计主要包括了创新、适用、美观、经济等四个方面。创新的灵魂性，是工业产品设计获得行业竞争力的关键，是企业为工业产品设计创造新生与希望的关键。适用是满意，正确协调了人与商品形式之间的关系，是处理商品功能和形式与相对于人的心理关系的最佳选择。美观是需求，是指人类在获得物质、精神功能满意的时候，又获得了精神上的愉快。经济是效果，是在以最低成本、最短期限解决了人最高的物质、文化精神需要的时候，可以达到最高效果。

好的产品必须具有以下几个特性：①符合功能特点；②保证使用的安全性；③满足审美需要；④造型与环境相和谐，并在同类产品中出类拔萃，能让用户觉得物有所值，或物超所值。

实现产品的革新性改变，简言之就是将产品进行造型设计。所谓产品造型设计，不仅仅是在产品外观和颜色上的个性化设计，其实质是要克服人机、环境、文化等各种影响造型的因素，通过系统的造型分析，将产品设计方法和科学技术相结合的一种创作活动。当前很多纺织机械生产公司对工业产品设计的理解已经有所转变，并且开始意识到加大工业产品设计力量、对工业产品重新进行造型设计，对于优化产品和提升品牌价值具有重要意义。

因此，尽管讨论对象的某些属性要明显比其他属性的影响力更大，但我们将关注与产品的感知和欣赏相关的所有属性。

(1) 统一属性

秩序、平衡或和谐、对称和"好"的比例在产品中是无所不能的。设计师很少允许自己挑战这些统一的属性，破坏秩序，制造失衡或不对称，或者设计比例不当的对象。如果他这样做了，他要么是一个糟糕的设计师，要么是有很好的理由。这些原则用于使设计连贯有序，并因此赏心悦目。

平衡眼球运动研究发现了当视觉构图的平衡被扭曲时会发生什么。洛赫尔和他的同事研究了人们看画作的原始版本和原始构图被改变的版本时的扫描曲线，这些改变要么是通过省略某些元素，要么是改变"重量"的分布，例如，典型的蒙德里安画作。观看扭曲版本的人的扫描路径显示出更多的眼球运动（扫视）和更少的注视，这被解释为观察者不顾一切地试图在扭曲的构图中发现秩序和平衡。这种解释得到了其他研究结果的支持，在这些研究中，图像构图系统地发生了变化。这些研究表明，改变一个原始的，大概是平衡的绘画，导致偏好等级下降，尤其是在未经训练的观众中。这也说明人们确实对平衡的构图很敏感。

(2) "好"的比例

很明显，有序、平衡或对称的设计在美学上是令人愉悦的，但不太清楚应该将什么比例视为"好"或美学上的优越。几个世纪以来，人们认为黄金分割的比例理应获得这种特殊地位，但大量检验其特殊吸引力的实证研究却产生了模棱两可的结果。在大多数情况下，接近黄金分割的比例似乎比其他比例更受青睐，但这很容易成为范围效应或平均效应，掩盖了主体间的巨大差异。在黄金分割附近的比例，正方形也经常被认为是首选比例。黄金分割率"获得了这种特别的关注，可能主要是由于其无可争议的数学之美"。

孤立地研究属性可能很少能告诉我们这些属性在设计对象环境中的影响。鉴于人际间的高变异性，人们可能会因此质疑寻找特殊吸引力的比例本身是否值得。赫克特等人得出结论：与其继续寻找具有特殊吸引力的比例，不如研究某件事物的比例性更有价值。根据这个建议，研究人员在对象环境中开始了一系列关于比例偏好的实验。正如很容易预测的那样，他们发现对特定矩形比例的审美偏好高度依赖于矩形所代表的对象类型，例如窗户、橱柜门或浴室瓷砖（见图 2-5）。更有趣的是，偏好与比例的普遍程度成线性相关（见图 2-6），这是一种熟悉度的衡量标准。这一发现在随后的实验中得到了证实，其中包含三种（当时）未知且专门设计的产品（便携式烟雾过滤器、低音炮和电磁辐射减少器），其暴露频率是系统变化的。在包装领域也进行了类似的其他研究，进一步表明，杂货产品的邀请卡和包装的比例会影响消费者的感知、偏好和购买意图。

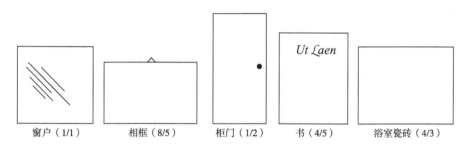

窗户（1/1）　　相框（8/5）　　柜门（1/2）　　书（4/5）　　浴室瓷砖（4/3）

图 2-5　代表产品的矩形示例

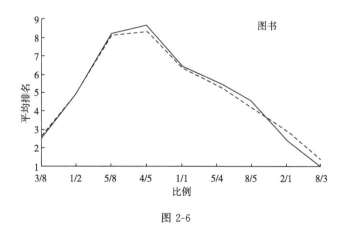

图 2-6

23

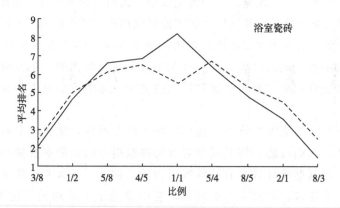

图 2-6　赫克特使用的两种产品的平均排名（实线：普遍评级；虚线：吸引力等级）

对称可以很容易地产生简单图案的规整性；设计师必须选择一个或多个反映设计的轴。沿一个轴的镜像对象很容易被识别为对称的，并且通常被视为令人愉快的。例如，对称面比非对称面更受欢迎，而对称的抽象图案通常被认为更漂亮。人们偏爱对称的原因尚不完全清楚。"阅读"一个对称的物体比阅读不对称的物体要容易得多，看了一半，就知道另一半是什么样子了。因此，对称偏好的一个重要原因可能是易于处理。关于脸的美，有人认为对称性表明健康发育，因此是阳性基因构成的指标。其他人则认为，对称性使面孔更具吸引力，因为它们更具原型性，而原型性是潜在的吸引力特征。

（3）复杂性和多样性

如果人类只是寻找有序和平衡的图案，那我们的世界和我们的设计将相当简单，并且可能会被认为是无聊的。在某些情况下，我们似乎也在寻找复杂性和多样性，这是一种创造多样化探索的行为。

根据伯莱因的协同动机模型，人们更倾向于选择能够产生兴奋的图案。低唤醒潜力的视觉图案没有刺激性，让观察者无动于衷；具有非常高唤醒潜力的图案太难掌握，被认为是不愉快的。优选的是具有中等（或最佳）水平的唤醒潜力的图案，这引出了享乐音调（愉悦感）和唤醒潜力之间的倒 U 形函数的著名预测。由于诸如复杂性和多样性之类的综合属性对设计的唤醒潜力贡献最大，因此它们主导了美学研究。

尽管大量证据表明偏好和复杂性之间存在倒 U 形关系，但人们也观察到了这两个变量之间的其他主要单调函数。当刺激材料更有意义时，比如真实的艺术品，而不是在大多数支持伯莱因图案的研究中使用的简单的人工刺激，这一点尤其正确。得出的结论是，当评估生态有效的对象（如产品）时，伯莱因的模型解释价值有限，伯莱因本人已经承认了这一限制。然而，伯莱因的预测反映了一个更普遍的审美愉悦原则：多样性的统一。

（4）多样统一

如果人们被秩序和统一所吸引，而他们也偶尔寻求复杂性和多样性，那么很容易预测这些对立力量之间的平衡将带来最大的快乐。多样性统一的原则认为，最大的乐趣或美是通过尽可能多的多样性或复杂性以及最大程度的统一或秩序来实现的。试图用简单的顺序（O）和复杂性（C）函数形式化这一原则，但未能解释简单多边形的偏好等级。在一项经典研究中，波色利和里温伯格开发了一个更微妙的公式，考虑到图案可以在多个方面有规律，这些额外的规律，不通过对图案的最简单解释来解释，确定图案的统一性（R）；这些附加规则未指定的自由参数表示图案（P）的不规则性或多样性。图案的美感是通过从 R 中减去 P 得出的。这个公式被证明足以预测简单多边形图形的额定美感。由于产品，就像所有现实生活中的刺激一样，体现了无穷无尽的规律性，因此很难预测其中哪些会被感知。因此，基于这些衡量标准对产品偏好进行数学描述似乎毫无意义。但对设计的统一性和多样性的定性描述可能有助于了解其形式上的吸引力。

（5）连接歧义

波色利和里温伯格将他们的数学模型建立在连接歧义原则上，这是另一个有助于理解审美偏好的原则，与多样性的统一性高度相关。当一个模棱两可的图案可以用几种方式在视觉上解释时，连接歧义指的是不同的解释兼容和共同有效的情况。因此，它与减少美的分离歧义原则相反，其中替代解释是相互排斥的（如著名的鸭兔画中）。

（6）最小均值的最大效果

连接歧义可以看作是"最小手段的最大效果"的一个特例，这是一个解释各种领域的审美质量的一般原则。原则是经济驱动的：我们更喜欢解决方案、想法、公式等由尽可能少的元素或参数组成，同时解决或解释一系列问题或现象。出于同样的原因，我们也可以说特定的工程解决方案，如桥梁或汽车悬架，是美观的；它只使用有限数量的建筑元素来解决该建筑旨在克服的所有问题。例如，人们对最初迷你（Mini）的普遍赞誉就是基于这一原则。通过在空间和材料上追求极简主义——打造一款大众都能负担得起的汽车。设计师们引进了一系列创新，例如横向发动机、10 英寸（1 英寸＝2.54cm）轮辋和超紧凑的车轮悬架。同样地，一种解释或理论可以比其他方法或理论更有魅力，所以当你采用某个的方法来说明同样的例子或较多的例子时，就会被选用，这叫做奥卡姆剃刀理论（或简约原则）。由于这些美学解决方案和公式，根据定义，更经济或更有效——我们可以说是聪明的——审美的敏感性对于科学家、工程师和设计师创造和识别最美丽的想法或解决方案很重要。设计人员经常参考这一原则来选择最小化的解决方案，例如 iPod shuffle，一个装在白色小盒子里的能播放音乐文件的播放器，只有一个用于耳塞的连接器，一个用于电池供电和上传歌曲的通用串行总线（Universal Serial Bus，USB）连接端口，以及一个用于导航的点击轮，但根本没有显示。

美学法则是指人类在长期审美实践中总结并归纳出来关于美的规律。研究、探讨艺术规律，有助于训练人类的形式审美，引导人类创造更多美的事物[7]。

（7）比例与尺度的应用

在机械设备的外形造型设计中，空间比例关联是指机械装备的总体与部分相互的空隙尺度对比关系，和长、宽、高尺度比例关联。因为对于运用空间的要求，机械造型的形体尺度也应当符合人类的使用习惯与要求。例如，机械装备中的操作台、把手、按键等，应该与人的动作功能相适应。另外，动作强度也要符合人的实际需要。

（8）统一与变化的应用

统一和变化关系在机械装备造型产品设计中主要表现在外形形式、构造形态、产品总体风貌等方面。不同的形态形式在机械产品设计中表现出了不同的统一和变化的关系。通过机械产品设计要素的变换，全面体现机械产品的整体设计风貌。通过利用机械产品设计中外观形状的变换、颜色搭配的顺序，以及其他要素间互相配合、彼此照应的关系，全面体现机械产品设计的统一韵味。通过利用材料、肌理、外观形状之间的对比变换，能够有效地提高机械产品设计的总体审美价值，但在注重艺术效应的时候还必须和其他设计元素如对比度、呼应、节奏等结合，以增强产品造型总体的协调力。因此，在产品设计中确立主颜色时，不但要反映出商品的审美价值，而且还要综合商品的建筑设计风格、类型、用途、应用环境等有关因素确立辅颜色，不但要反映出品牌的个性化和识别度，而且还要和主颜色相互照应，以充分迎合社会大众的审美要求。

（9）对称与均衡的应用

把对称性以及均衡的艺术原则运用于机械装备造型产品设计中，不但应展现出机械产品设计的审美功能，而且还要按照机器生产的使用场所和作业内容，把产品设计的对称性和平衡性原理贯彻运用于机械产品设计之中。协调控制机械内部零件结构与产品表面完整构造形式之间的均衡关系，从而正确掌握机械结构和产品外观形式之间的对称关系，以实现机械产品的严谨性、机械产品使用的稳定性、机械产品外形的紧凑性，从整体到部分，从视觉到触觉全部达到对称和平衡的审美准则。

（10）节奏与韵律的应用

设计师在工业机械装置产品设计过程中，在产品设计的内部造型部分，常常会借助内部形状、曲线、色彩、材料等设计要素的变化，并利用回旋、渐变、交替、重叠、间隔、起伏等形式的变化，充分地展现出产品设计的节奏和旋律。同时借助内部外观形象，以增强表现力；通过产品设计中主颜色以及辅助颜色的变化，增强层次感；通过产品中设计材料的变化、复用，可以提高局部形状和总体秩序的协调性，从而充分体现情趣、灵活性和审美性。而旋律和韵律的运用对机械装备造型设计非常重要，可以提高产品设计中的艺术性和美观性，通过具有规律的旋律、起伏的旋律，既可以增加机械设计的美学价值，还可以左右用户的情感变化。

造型与艺术产品设计是现代机械装置产品开发的核心环节之一，按照美学规律把机械工程技术与造型艺术融为一体，追求机器产品设计从外观设计、材料加工和颜色肌理等方面，达到适用、经济和优雅的高质量水准。机械装备不仅仅需要各种功能适用、结构合理，更需要外形美丽。而依据美学规律的机械装备造型设计，不仅仅是通过对机械产品进行美化，而且通过各种功能、材质、构造和工艺以及人机工程学原理的造型设计，最终使机械产品形状更加美丽，从而达到现代化工程品质。

（11）人的因素

① 人体的尺寸参数主要包括静态和动态条件下的工作姿势和人体活动的空间范围。

② 人的机械参数主要包括操纵力、速度和频率、精度和续航极限。

③ 人的信号传导能力主要包括对信号接收、储存（记忆）、传送与输出的基本能

力，还有各种感觉通路的生理极限能力。

④ 人对作业环境的可靠性与适应作用，一般包含在劳作流程中的心理控制功能、心灵反射的机理，以及一般状态下人为失误的发生方式与成因[9]。

(12) 人机因素

以并条机的发展为例，其在最开端的产品设计、机械加工、制造、搬运、保养的整个流程中均要求人的积极参与，所以人机交互产品设计的正确性直接影响了机械的简易性。在并条机的人机工程学产品设计中，先确保了操纵的稳定性，然后又要注重操纵的舒适性。以门把手与脚踏板为例，在门把手的产品设计中，把手的设置高度宜选取人高度的50%作为设计基础，并适应于各种高度的个人产品设计，如图2-7。在脚踏板的设计中，因为并条机前盖必须定时开仓检修、清洗，所以将脚踏板的覆盖面适度增加些，以确保人员在坐起来检修时的稳当与安全性，并且设计了二层手伸，在实现手伸整体造型的同时也可以提高使用的简便性与安全性。

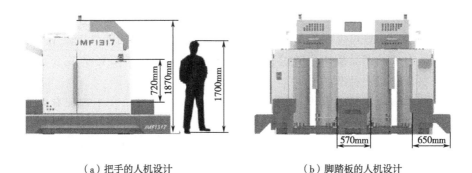

（a）把手的人机设计   （b）脚踏板的人机设计

图 2-7   并条机设计中的人机因素

(13) 色彩因素

颜色在信号传导的途径之中，由于周边环境因素影响，促使用户产生了各种各样的颜色感受层次。如JWF1317型并条机的主体颜色一般以浅灰、深灰居多，内部装饰色为翠绿，一般门罩和外露部件为浅灰，手伸、铸件、齿轮等的结构性基础部分为浅灰，牵伸壳、手伸装饰件、门把手为翠绿等。这几种颜色在彼此之间构成了统一变化、主从性和关键性的关联。主要体现在机器大面积使用浅灰，给人以平稳、明快的感觉；手伸和其他配件等小面积使用深灰颜色，给人以沉着、庄重的感觉；装饰性部分如门把手使用室内装饰色——绿色，给人以活跃、轻快、明快的感觉。这三种颜色有整体的统一也有细部的改变，让机器的色彩更加稳定与丰富。

2.2.2　装备类产品的设计架构

随着全球市场的不断融合和多元化，个性化消费需求的不断增长，工业设计不再局限于以功能、色彩、造型为核心的传统品类，而是向大规模定制生产发展。

确定产品架构是任何工业产品开发的关键活动之一。大众公司声称通过有效的产品架构每年节省 17 亿美元的开发和生产成本。大众汽车能够通过其四大品牌，即大众、奥迪、斯柯达和西雅特之间的共享来利用平台和组件的通用性。这些不同的汽车共享平台，就大众而言，包括前轴、后轴、前端、后端、排气系统、制动系统和许多其他元件。不过，大众也声称，这一共享通用平台上的所有车辆在客户眼中都能得到有效的差异化。有趣的是，福特汽车公司在其新的通用架构流程计划中也有类似的共享平台。然而，福特将其平台定义为由常见的焊接线、悬架系统和传动系统组成，该平台将在多种车型之间共享。福特也有类似的预期，即在开发和生产上节省大量资金，同时保持在价格和性能上有效区分平台化汽车。这个例子强调了这样一个事实，即尽管产品架构设计过程是节约成本和提供产品多样性的决定因素，但它并没有被很好地理解。系统工程和架构设计仍然是一项归入启发式的活动。此类活动通常只能由经验丰富的系统工程师完成，他们已经了解了在设计产品线时必须考虑的各种目标。

系统架构包括将产品中的各种组件聚集在一起，从而使最终的模块对公司有效。理想的架构是将产品划分为实用和备选模块。一些成功设计的模块可以很容易地在固定的时间周期内更新，一些可以在多个级别上制造，以提供广泛的市场多样性；一些可以在磨损时轻松移除，一些可以轻松交换以获得额外的功能。当相同的模块被用于各种不同的产品中时，有效的产品模块化的这些优点会放大。例如，布莱克-得克公司的可充电电池组模块被用于数十种产品。

在确定将在整个产品系列中使用的产品分区模块时，对系统工程师有四个主要影响。在制定系统架构决策时，必须考虑这四种一般类型的因素。第一是市场差异——每个客户的关注点的差异，例如，通过客户之间、细分市场之间或品牌之间的差异来衡量。第二个是使用差异——产品购买者在购买后使用时需求的多样化。这种差异在市场科学文献和研究中通常被忽略，但对于理解需要什么产品至关重要，无论是多种固定产品、标准接口上的可交换模块还是易于调整的平台。第三个影响是技术变化——在产品设计需要更新之前，各种模块的变化有多快。我们称之为"面向 X 的设计"的最后一种影响是，在确定产品划分时如何考虑设计、生产、供应和生命周期标准。

我们设计系统的方法在图 2-8 中有所概述。设计团队开发全新的产品组合，或者用额外的产品变体扩充现有的产品组合，应实现这里概述的过程。这将发生在待定的产品被选择纳入产品组合（产品线）之后，以及每个产品的基本物理原理被建立之后。然后，设计团队可以应用这个架构过程。显然，需要探索性迭代来决定一些零散的相关产品是否应该包含在产品组合中，或者在完成这里概述的探索时被否定。

我们通过确定应该使用什么底层技术，以及通过建立必须共享公共模块的产品系列的限制来开始这个过程。然后，这些产品中的每一个都被开发为相对独立的概念设计。如果一个产品应用程序可以有多种形式，那么在这个过程中就需要考虑多个概念。之后是为每个产品概念开发功能结构。每个概念的这些功能结构可以被联合成一个大的家族功能结构。家族功能结构表示家族中所有产品的功能之间的相互关系。

这种模块化矩阵方法为设计团队提供了多个产品和产品组合体系结构的统一表示，每个产品和产品组合体系结构都有不同的组成模块，但每个模块都由模块化矩阵表示。这些矩阵是可能的模块化方案的可视化表示，并提供了每个模块的设计要求的指示。也

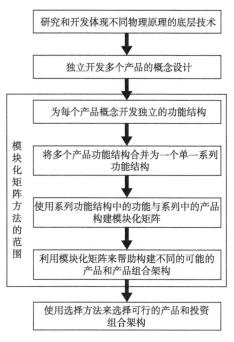

图 2-8　系统设计方法

就是说，每个产品可能会对不同规格尺寸的模块提出更严格的要求。矩阵是这方面的首批指标之一。

（1）投资组合架构

这一框架说明了怎样利用模块化矩阵、家族功能结构，以及模块化规则来研究投资组合结构。所介绍的方法用来分析布莱克-得克公司产品组合的模型。为每个产品建立了自己的功能架构，并组合成一个系列功能架构。这种家族功能架构考虑了投资组合产品必须满足的所有功能。有些功能明显重叠，而另一些则是个别产品独有的。

如果产品组合的家族功能架构已经被建立，将能够利用改变矩阵中的元素或者利用模块化规则来发展各种功能体系结构。这有两个方面：为每个产品建立独立的产品框架；在产品组合框架中开发一个共享模型。

（2）产品模块

首先，我们可以思考一个产品的基本架构。这可使用于每个产品的功能架构上，通过按照架构规则形成功能分组来完成。然后，这种功能分类也可以通过产品系列中的图框表示在模块化矩阵中，如表 2-1 所示，显示了目前由布莱克-得克公司设计的产品模块。

例如，双速电钻具有两个产品模块，如两个方框所示。注册/注销电池和传输电能的功能被捆绑到一个使用两个电池的模块中。双速电钻的第二个模块捆绑了注册/释放功能。

模块化矩阵显示了布莱克-得克公司产品组合的当前产品模块工具和安全/解锁工具。在钻头磨损的情况下，使用三叉卡盘。单个模块处理两种功能，因此在模块矩阵中显示为一个方框。

表 2-1　布莱克-得克公司的产品组合模块

功能	无绳螺丝刀	多用途锯	洗涤器	双速电钻	魔法（Wizard）旋转工具
注册/注销电池	1 块电池	2 块电池	1 块电池	2 块电池	1 块电池
传输电能	1 块电池	2 块电池	1 块电池	2 块电池	1 块电池
密封/开封的电池	—	—	是	—	—
输入信号	拇指	手指	手指	手指	拇指
开关电源	向前/反转/关闭	开启/关闭/锁住	开启/关闭	向前/反转/关闭/锁住	低速/快速/关闭
电能转化为动能	电机 A	电机 B	电机 C	电机 D	电机 E
转换（T. <1>）	变速器 A	变速器 B	变速器 A	变速器 D	
传输能量	转轴	平移叶片	转轴	转轴	转轴
防止回转	是	—	—	—	—
手动输入转矩	是	—	—	—	—
转换运动	—	是	—	—	—
注册/释放功能	六角孔	叶片运输	三角孔	三叉卡盘	夹头
安全/解锁工具	固定夹	固定螺栓	滑入配合	卡盘外壳	夹头螺母
工具运行定位	产品造型	手柄	手柄	手动触发	手动触发
作用对象	旋转	切割	磨砂	钻孔/旋转	磨削

要为任何系列（产品组合中的产品）建立这样的产品模块，就需要先检查产品的基本功能结构，并使用模块化规范。也因此，双速电钻的电池模型由适用于电池的主流规范定义。三叉卡盘模块也适用于钻头磨损问题的主流规则定义。模块化规则对商品组合中其他商品的类似应用（模块化矩阵中的列）形成了其他产品模块。

（3）共享模块

接下来，人们可以利用识别结构中的共享特性，来研究混合结构。或者通过考察模块化矩阵的单个函数与跨列的相似性，来考察可能的共享。当不同的产品对同一产品或组件具有共同的规格等级后，才能共用。如规格等级不同的产品间不能通用，则共用模块就不有效。

要设置共享模块，可以考虑矩阵中的一些参数，并判断不同的产品之间是不是有相同的规格目标。如果它们足够接近，使得它们相同不会过度影响性能，那么目标可以相同。因此，在布莱克-得克公司模块化矩阵中的"电能转化为动能"功能，对于无绳螺丝刀、魔法（Wizard）旋转工具和洗涤器具有非常相似的目标，并且可以合理地做成相同的。它们的同化将允许所有人使用相同的电动机。对其他行的类似检查可以允许考虑其他共享模块。

对于当前的布莱克-得克公司产品组合，可以看到共享模块很少，如表 2-1 所示。只有电池系统功能在产品之间共享功能规格值。因此，该系列中的产品目前只共享电池组模块。例如，我们可以尝试定义一个足以满足所有不同产品的电池，从而增加通用性。我们也可以尝试仅使用两种尺寸的电机来实现将电能转换为动能的功能，而不是让每个产品都有一个独特的电机。

(4) 同步架构

应该清楚的是，不能独立考虑单个产品架构或共享模块。它是互相耦合的；重新配置共享模块会影响所有产品，但更改产品架构也会影响公共模块。通过模块化矩阵，能够描述替代产品和产品组合结构。同时我们也能够为目标规范提供全新的选项，从而使得更多的产品分组结构变得可能。假设，我们为所指定的功能选取了整个或部分产品的相同目标值，那么该产品模块可以在产品组合中共享。

因此，在这里可以为最大限度共享模块的布莱克-得克公司系列开发一种投资组合框架。一个这样的投资组合框架定义如表 2-2 所给出。这里，整个产品组合中只采用二个电动机规格：较小功率的产品都采用一个规格的电动机，而大功率的产品都采用另一个通用电动机。布莱克-得克公司的洗涤器、双速电钻和魔法（Wizard）旋转工具共用一种注册/释放功能和固定/解锁工具的方法。

表 2-2　布莱克-得克公司产品组合当前共享模块的模块化矩阵

功能	无绳螺丝刀	多用途锯	洗涤器	双速电钻	魔法（Wizard）旋转工具
注册/注销电池	1块电池	2块电池	1块电池	2块电池	1块电池
传输电能	1块电池	2块电池	1块电池	2块电池	1块电池
密封/开封的电池	—	—	是	—	—
输入信号	拇指	手指	手指	手指	拇指
开关电源	向前/反转/关闭	开启/关闭/锁住	开启/关闭	向前/反转/关闭/锁住	低速/快速/关闭
电能转化为动能	电机 A	电机 B	电机 C	电机 D	电机 E
转换（T.<1>）	变速器 A	变速器 B	变速器 C	变速器 D	—
传输能量	转轴	平移叶片	转轴	转轴	转轴
防止回转	是	—	—	—	—
手动输入转矩	是	—	—	—	—
转换运动	—	是	—	—	—
注册/释放功能	六角孔	叶片运输	三角孔	三叉卡盘	夹头
固定/解锁工具	固定夹	固定螺栓	滑入配合	卡盘外壳	夹头螺母
工具运行定位	产品造型	手柄	手柄	手动触发	手动触发
作用对象	旋转	切割	磨砂	钻孔/旋转	磨削

该系列的另外两款产品，即无绳螺丝刀和多用途锯，在这些功能上并不采用相同的方法。然而，它们确实以类似于其他"家庭成员"所展示的模块化方式来模块化这些功能。

不过，请注意，定义一个"正确"的模块化矩阵并不简单。需要同时考虑一个具体的问题和单个的问题。通常，这两者之间会发生冲突。产品组合的影响因子会导致人们指定适用于多个产品的平均组件。产品考虑因素导致人们指定仅适用于一种特定产品的单独定制的组件。

模块化矩阵突出产品和组合关注点的能力在布莱克-得克公司的洗涤器中得到了很好的展示。布莱克-得克公司的洗涤器可以与无绳螺丝刀和魔法（Wizard）旋转工具共享注册/注销电池和传输电能功能。如果只考虑投资组合架构，在投资组合中共享这些布莱克-得克公司的模块将是一个显而易见的选择。然而，从模块化矩阵来看，同样明显的是，布莱克-得克公司的产品模块可以包括这些功能以及密封/开封的电池功能。在这种情况下，必须决定遵循布莱克-得克公司的产品或组合模块化。了解单个产品如何在模块化水平上融入产品系列，对于确定成功的产品和产品组合架构至关重要。

请注意，通过模块化矩阵，可为整个产品组合的子集定义共享模型。因此，在布莱克-得克公司产品组合中，电池系统功能由无绳螺丝刀、洗涤器和魔法（Wizard）旋转工具，作为单电池模组共享。

多用途锯和双速电钻在同样的功率、体积和附件水平上共享着同样的电池系统功能，因此二者均采用了同样的双电池模组。使用模块化矩阵，也能够非常方便地表示产品组合中一些但并非全部产品的共享，如表 2-3 所示。

表 2-3　布莱克-得克公司产品组合的可能产品和共享模块的模块化矩阵

功能	无绳螺丝刀	多用途锯	洗涤器	双速电钻	魔法（Wizard）旋转工具
注册/注销电池	1 块电池	2 块电池	1 块电池	2 块电池	1 块电池
传输电能	1 块电池	2 块电池	1 块电池	2 块电池	1 块电池
密封/开封的电池	—		是	—	—
输入信号	拇指	手指	手指	手指	拇指
开关电源	向前/反转/关闭	开启/关闭/锁住	开启/关闭	向前/反转/关闭/锁住	低速/快速/关闭
电能转化为动能	电机 A	电机 B	电机 C	电机 D	电机 E
转换（T.<1>）	变速器 A	变速器 B	变速器 A	变速器 D	—
传输能量	转轴	平移叶片	转轴	转轴	转轴

续表

功能	无绳螺丝刀	多用途锯	洗涤器	双速电钻	魔法（Wizard）旋转工具
防止回转	是	—	—	—	—
手动输入转矩	是	—	—	—	—
转换运动	—	是	—	—	—
注册/释放功能	六角孔	叶片运输	三角孔	三叉卡盘	夹头
安全/解锁工具	固定夹	固定螺栓	滑入配合	卡盘外壳	夹头螺母
工具运行定位	产品造型	手柄	手柄	手动触发	手动触发
作用对象	旋转	切割	磨砂	钻孔/旋转	磨削

因此，利用模块化矩阵为开发跨产品共享的模块的功能排除/包含边界和规范这一非常困难的任务提供了结构。方法是首先开发可能的产品模块化，然后跨产品比较这些模块化，为共享模块寻找共同的功能范围和共同的规范。

2.2.3 产品的设计涂装

基于一个典型的空间站卫生区域创建了一个三维模型。该区域包括三部分：粪便和尿液收集装置、控制装置和辅助装置。如图 2-9。

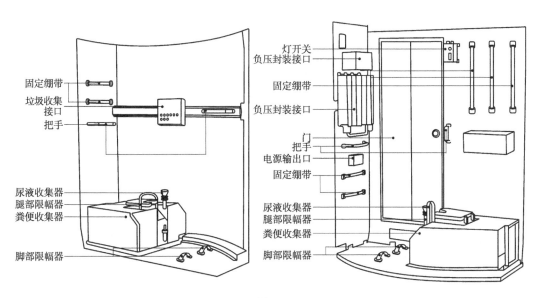

图 2-9

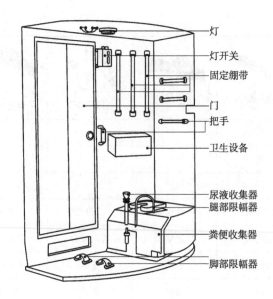

图 2-9　空间站卫生区域场景

（1）颜色样本创建

德尔菲研究第一阶段的结果表明有四种视觉感知需求："干净""和谐""醒目"和"可区分"。在德尔菲研究的第二阶段之前，进行了一个筛选过程，以获得卫生区设备的颜色选择样本。筛选过程如下：

① 来自先前的颜色和视觉感知研究，为每个视觉感知建立了 120 个色标，共有 480 个色标组成一个滤色池，供专家筛选，这种方法在德尔菲研究中被广泛使用。

② 参与者包括来自色彩科学团队的 17 名研究人员，包括 2 名航天器设计师，共有 8 名英国人和 9 名中国人参加，他们都有 10 年以上的色彩/航天器设计专业经验。在评估之前，向所有观察者展示了四种视觉感知的定义，这些定义基于"剑桥高级学习词典"，根据专家的母语，选择英文或中文翻译。

③ 专家们在一个黑暗的房间里评估了 480 个物理色标，这些贴片每个 3 英寸×3 英寸，一个接一个地呈现在由 D65 光源照明的观察柜中，观察柜内部以 50 的统一灰色 L* 作为背景。

④ 要求每位专家选择与四种视觉感知相关的色标。

⑤ 评估后，对于四种视觉感知中的每一种选择了 32 种颜色（见图 2-10）。

（2）德尔菲研究的执行

在这项研究中，一封电子邮件被发送给了专家。在第一次迭代中，包括问卷、示例和调查说明。在第二次迭代中，所有专家都被告知第一次迭代后所做的具体更改，并被要求根据第一次迭代的结论再次填写问卷。

第一阶段包括三项评估。其中，预测压力源对宇航员的影响需要专家使用 5 分的李克特量表来评估概率和对宇航员的影响。范围从 1（不太可能：0%～20%）、2（有点不太可能：21%～40%）、3（一半：41%～60%）、4（有点可能：61%～80%）到 5

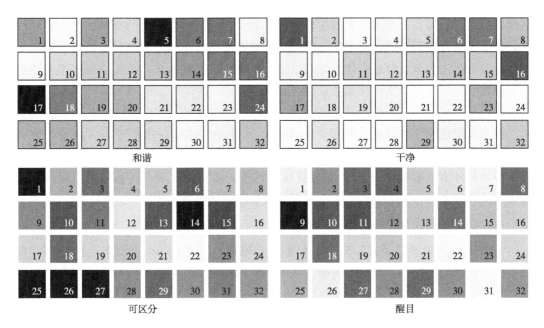

图 2-10 彩色样品（见封三）

（非常可能：81%～100%）。此外，对于压力源和设备之间的兼容性，以及设备和视觉感知需求之间的兼容性，评估基于单项选择问题。为了保持定量和定性数据之间的平衡，专家需要选择全面和明确的理由。

在第三阶段，根据第二阶段的最终结果，制定了供专家选择的颜色样本。在这个阶段，他们没有看到与他们选择的颜色相对应的设备图片。他们选择的颜色只代表他们认可的设备的颜色。专家需要从四种视觉感知中选择最合适的颜色。他们还被要求陈述选择某些颜色的原因。

（3）评估设备配色方案

配色方案的第二次迭代被统计分配：在所有视觉感知配色方案中得票最多的前五种颜色被选出。专家认为干净 24（12 票，40%）和和谐 9（13 票，43.3%）是最适合卫生区域环境的颜色。粪便收集装置最适合干净 21（13 票，43.3%），尿液收集装置最适合干净 10（12 票，40%）。此外，专家们认为醒目 10（10 票，33.3%）和可区分 11（12 票，40%）最适合垃圾收集接口，醒目 11（15 票，50%）和可区分 29（13 票，43.3%）最适合负压封装接口。

因此，结果表明，对于卫生区域环境和粪便-尿液收集装置，专家更喜欢低饱和度和低黑度的颜色。然而，对于垃圾收集和负压包装界面，他们更喜欢高饱和度的红色、黄色、蓝色和绿色。

配色对于机械设备外观涂装设计十分重要，而作为大型装备的工业设计中的重要一环，涂装设计有着许多的讲究。

涂装是指通过一定的方法将涂料涂饰在机械设备外表上的一种过程。涂料可以使机械设备外表产生防腐（防锈）等基本的保护功能。同时，涂料形成的颜色和形状、产品品牌特征等，都可以改变大型机器的外观。从设计的角度看，适当的涂料可以在多种约束条件下有效提高机器的视觉效果，修饰改变机器形状，反映机器的技术特点。涂料的设计可以分为主色调、信息字体、标志（logo）和装饰纹样这几个类别，通过把上述类别互相组合、匹配，来实现完整的设计。

国内的机械涂料工业经历了几个阶段的发展。在 20 世纪 70 年代，为顺应时代要求，多以军绿色作为主基调的机械涂料颜色；八九十年代，在涂料中极少注重外表美化，大都以简单颜色为主，多使用工程黄等鲜艳的功能性颜色，未能有效改变涂料生硬、厚重的外表面貌；步入 21 世纪，外观涂料步入多元化发展的时期，更加强调外表装饰和品牌形象的体现，这种要求已显得和市场需要同等重大[14]。

(4) 机械设备涂装设计思路

① 平衡感可以传达平稳、安全、和平的心理信息，它是一个基础的自然规律，自然界的万物都是均衡的，而这个均衡又来源于形式的对称，形式的均衡和稳定可以让人类产生安全的心理暗示。在设计涂装色彩时，可以用设备的中线分割两侧色彩，使其对应重合，这种轴对称的色彩运用产生的平衡感最为强烈，此外还可以使用中心对称，即围绕一点使两侧色彩一致但图形方向相反，可使整个设备首尾呼应，对表达大型设备的稳定性和安全性也很有帮助。

② 体量感是在长期的生活经验中对物质色彩与人心理建立起的对物体质量的预判联想。这使得一些色彩显得轻，一些色彩显得重。偏向黑色和暗灰的称为重色，代表它们在心理上显得重，其决定性因素是色彩明度，明度越高就显得越轻巧，越低则显得越笨重。许多大型设备的底架通常是黑色的，显得稳重，不同型号不同功能的设备可以有不同的体量感体现，如起重机可以用明度稍低的暗灰或蓝色作为主色，显得严肃、沉稳；传动设备可以用明度稍高的绿色作为主色，再辅以白色或浅灰色带，造成上轻下重的心理感觉，使其既显得轻快又不失平衡。

③ 人性化是从人的感官刺激和心理感受入手，通过色彩调配来优化人与设备的交互过程。色彩是人类获取信息的主要形式要素，它对人产生的视觉生理反应和心理情感联想与一切活动都有密不可分的联系。在设计涂装色彩时，应注意配色对人的生理和情感的影响，工作人员需要将操作的部件以红、黄一类警示色进行标识，但为了降低久视产生的疲劳和烦躁感，应适当降低其色彩纯度，设备颜色的选用以浅色调为主，既能缓解设备因体量大给人的笨重感，又有较好的耐脏性。色彩过多会影响人们对设备信息的处理，色彩单一又会显得单调，主体色以不超过 3 种为宜，可使用黄金分割、等比、对称等法则协调色块间的关系。设备标记最好与设备主色形成明显对比，这样有助于人们识别。字符大小也以车辆静态时人在一定距离能够清楚辨识为宜。如法国 TGV 邮政专列上，"LA POSTE（邮政）"的标识占到了整个车体的一半，在高速运行时仍清晰可见[15]。

(5) 农业机械色彩性涂装设计

① 颜色影响人的情感体验。各种颜色具有不相同的情感，如颜色所带来的温度感、体重感、体积感、华丽感和质朴感等。如希望体现其农业机械的庄重感，可大面积地使

用黑色；如希望体现其速度感，可使用白、灰和绿色。

② 对色彩的视觉效果与心灵感觉。色彩有着不相同的代表意义。如红色，代表着激动、火热、欢乐、张扬；翠绿含有清洁、希望、卫生、愉悦等重要意义；而蓝色则含有开朗、清洁、理智、深沉、亲切等重要意义。所以了解颜色对人情感的影响，可以分析颜色在农业机械装饰设计中的应用。

③ 机械颜色的指示性功能强。在选择农业机械设备的颜色时，要充分考虑农业机械设备的工作环境、农业机械设备产品的结构功能和作业方式等方面。一般农业机械的工作环境多是灰尘多、污泥多、整体灰暗。但鉴于其清洁因素，在色彩的选用上必须采用光度较高且耐脏的颜色，如灰色、绿色。

④ 颜色的民族特征。要体现各个民族的特征性，必须充分考虑颜色的文化含义。不同的国家和地区，对颜色也赋予不同的情感要求和不同的文化内涵，例如白色在我国就带有哀伤的、忧郁的情感色彩，而在日本却代表着欢乐；在法国，则常常采用大量的粉红色、蓝色等高饱和度的颜色，来表现法国博爱、自然的精神。

(6) 农业机械品牌性涂装设计

涂装设计的功能除了维护机器免遭锈蚀以外，另一项关键的功能便是协助公司建立自己的品牌识别度，这关乎公司的总体形象与影响力。所以在公司品牌形象方面，必须选择适合企业形象的颜色、商标、图形等作为涂装设计的关键元素。依据这些元素突出公司的标志特性后，再针对不同的农业机器产品，根据不同的市场需要进行微妙调整。统一的公司品牌形象设计可以提高公司品牌的市场识别率，推动公司的发展壮大，增加公司的社会认知度；而统一的公司品牌形象设计，在一定程度上又节约了在形象设计上所耗费的时间与成本。

(7) 农业机械美观性涂装设计

在农业机械产品的涂装设计中，涂料设计通常受到涂装工艺、工业生产方式、环境因素、整机造型、生产功能等各种条件的影响。在产品设计时，可运用对比与和谐、变形与统一、旋律与韵律等设计方式，并摒弃琐碎、复杂、杂乱无章的图案搭配方法，而选用更加简单明了、直接从色块入手的设计手段，采用与农业机械的整机造型相互照应的涂装设计方案[16]。

由此，我们也不难意识到工业设计对于工程机械设备产品的重要作用，也可以发现大型装备在工业设计方面的巨大需求。

(8) 工程机械设备造型与外观发展趋势

① 个性化。二十世纪八九十年代，工程机械行业一直给人的印象都是傻大笨粗，不过，进入21世纪之后就不是这样了。工程机械公司更加重视品牌形象，也更加重视对产品外形和造型的设计，不但与公司本身的历史文化底蕴融合在一起，加入了公司人文元素，还和顾客以及时代的审美观融合在一起；不但要抓住顾客视线，还要表现自我的企业形象。所以，机械外观形状和颜色上的个性化是目前工程机械发展的基本现状，同时也是未来的发展趋势。

② 多样化。二十世纪八九十年代的工程机械产品，在外形上基本都是统一的工程

黄色，极少有其他的色彩。不过，由于机械外部形状和颜色个性化的出现，各个品牌的工程机械产品在外部形状上和颜色上也不再千篇一律。例如在产品形状上，一改直棱直角的风格，流线的设计开始大量运用在工程机械设备当中。在涂料颜色上也突破了黄色局限，各个品牌的产品在颜色上也开始百花齐放，甚至同一品牌的产品在颜色上也出现了多样性。因此，湖南中联重科股份有限公司在2015年推出的涂料颜色，也出现了"极光绿、砂砾灰、星耀灰"3种颜色，一改以往的单一色彩风格。在全面整合了企业文化元素与时代特色的今天，颜色多元化也是现代工程机械装饰艺术发展的一种主要趋向。

③ 人机工程与美观。工程机械设备产品外观形状按照个性化、多样化的需要，更加强调人机工程与美观。智能化、舒适化也是工程机械设备产业发展趋势的一项重要方面。舒适化不仅体现在人的触摸与感受上，而且还体现在视觉效果上。比如，流线型的设计、面漆合理的颜色搭配、涂装表面的饱满与明亮，都会给人视觉上的良好观感。而工程机械设备不仅是一种施工机具，就和汽车不仅仅是代步工具一样，更是一种商品。使用上的舒适性，以及外表的靓丽，是顾客的基本要求，所以这将会成为工程机械设备公司一直努力的方向。

2.2.4 单一产品到系列化产品的设计

(1) 产品DNA

通过检查案例公司的内部因素，如分析现有产品和先前的设计准则，可以创建关键设计原则的格式。基于这些设计原则和形式分析，品牌视觉标识可以转化为一个新的产品类别，并通过重新定义的设计准则加以描述。研究结果表明，某些设计特征，如颜色和标志性图案造型的使用，最适合作为身份载体。利用这些可以给产品组合带来凝聚力。可以得出结论：使用显式和隐式设计特征是全面描述和表达产品设计的一种可行方法[17]。

理解产品的设计是理解公司设计策略的关键因素。然而，传统的风格测量方法很难对企业的设计策略进行评价，因为它们只是从分类学上衡量某一特定风格中是否包含了某一特定特征。例如，汽车公司会通过对汽车设计相似性的数值测量，对汽车品牌风格进行综合分析，从而发现汽车品牌之间的设计趋势，从而进行战略设计定位。某些车企通过大量汽车设计的相似之处，找出汽车设计风格差异的量化方法和独特的设计要素。为了实现这个目标，混合风格定量化方法傅里叶分解、视觉跟踪器、形状语法的创建，用以评估相似性、视觉意义，以及汽车设计元素的组合。采用傅里叶分解法，求出汽车设计元素的设计相似性的量化值。通过目视跟踪器对每一种汽车设计元素进行视觉显著性分析，以衡量某些设计元素对权重因素的重要性。然后，将各设计元素组合，与其他汽车的设计元素进行相似性计算。最后，对汽车设计方案进行综合，并根据视觉意义结果加权的相似值分析设计定位的转换。利用这些方法，可以在保持品牌设计风格的同时，综合不同的设计方案，并对设计趋势进行分析，以进行战略评价[18]。

其实，在中国，产品系列化的形成由来已久。早在汉代，妇女使用的妆奁设计中，就采用了系列化的设计。它将不同的化妆用品（钗、簪、梳、镜）安放在长方形、圆形、马蹄形等的小匣内，再将这些大小不同的小匣放在一个大的妆奁中。在造型上，采用系列化的设计，小匣和妆奁的形状、大小虽有别，但色彩构成、材质的应用、装饰花纹完全相同，共同传达吉祥如意的寓意。整套产品形成套系，相对于单体，可以更好地满足古代妇女梳妆的需要。

在产品市场需求变得越来越多，趋向丰富多样、个性化发展的今天，只单纯地依靠某一个特定产品来满足特定市场需求的理想状况早已不复存在，为能满足尽可能多的产品的特定使用者的个性化需要，占领到更广阔的产品市场范围，系列化产品发展也已经逐渐成为了现代工业产品系列化开发过程中最为关键有效的发展策略之一。

通过产品的系列化设计，可以使企业在一种基本型产品的基础上，快速发展起家族产品，在市场竞争中掌握主动权；同时，还可以通过系列化设计延长产品的生命周期，充分利用企业已有的生产设备，使企业获得较好的经济效益。除此之外，系列化的产品上架陈列和广告图片的效果更好，容易被消费者识别和记忆，从而扩大影响，树立名牌，是一种有效的营销手段。

系列化产品之所以成为系列化产品，既要有内部条件，也要有外部条件：一是从内部技术层面看，应该具有相同的核心技术或共性技术；第二，在外在形式上，它应该具有相同的形态构成要素。产品的外观由以下四个方面决定：造型结构、材质纹理、颜色和图案。其中，颜色具有抢眼的艺术魅力，也是最能打动人心、吸引眼球的。

系列产品通常具有全部或部分相同的造型结构，并且材料通常是一致的，而颜色图案可能会有更多的变化。一方面是因为颜色给人很大的刺激感，在同一系列产品中能产生丰富的变化效果；另一方面，这也是出于成本考虑。显然，制造商更换颜色更方便、更经济。

(2) 系列化产品的设计理念

具有系列化特征的产品设计主要是按照一定的规则划分商品的主要参数数据和性能指标，科学合理地设置所指定产品的类型和尺寸，并赋予商品一定的技术特点、精密结构、CMF，从而形成系列的产品设计。

系列产品的诞生中的必然性和必要性是必不可少的。从消费者角度来说，系列化的产品会给顾客们提供更加开放的消费空间，满足消费者个人要求以及多元化的需求。随着经济的快速发展，消费者的消费行为更加有目的性和指向性，对产品的 CMF 设计的要求越来越高。系列产品不仅丰富了产品内涵，结合了社会与企业文化，而且以其多变的功能和灵活的设计提高了产品在实际应用中的附加价值。从企业角度来讲，系列化的产品会加速企业发展并传播企业文化，让企业的竞争力和活力更加充沛。系列化产品的方式是产品设计的重要手段。产品的生命周期使得企业不可能仅仅通过运行一个产品来保持长期的系列化。产品设计不仅需要保持产品线的持久生命力，还需要扩大品牌影响力，以消除顾客对新品的不信任，争取使新品拥有更广阔的市场，最终结合现代的生产模式，使产品的诸多部分满足要求，即产品更加标准、类型更加系统、应用更加广泛的过程也使得产品的系列化在某种程度上是不可避免的。

系列产品设计要求设计师不单单为了外形而设计，而是要考虑产品系列在设计开始时的发展，如特征元素的选择（包括形式、结构、形状、色彩和材料）以及它们在系列设计中的应用，从而形成一个统一的产品品牌，具有统一感。

系列设计分为垂直系列和水平系列。以大多数品牌的手持电动工具为例，水平生产线通常是一个专用术语，而生产各种功能各异的电子产品的系统也被称为生产线，因为它们的系统由相似的用户位置、标准和产品设计组件（颜色、形状、材料等）组成；垂直产品线是指由标准产品线和垂直系列产品形成的各种用户定位和价值定位的品牌，其商品的形态、颜色和材质往往与外观形态不同[19]。

（3）系列化产品的设计目的

工业产品系列化的主要目的，是精简生产种类与尺寸，应该尽量适应市场多方位的需求。产品系列化，有利于扩充品牌，加大生产，降低经营成本。

（4）系列化产品的设计意义

在现代社会激烈的市场竞争中，系列化的商品设计可以增强商品在社会市场中的生存能力，以更好地适应特殊的市场需求；系列产品的设计理念也充分地体现出了成套设计的意义。整套设计使产品本身的整体形象显得更加完整、美观，形成一种强烈的视觉冲击，让整个产品更具有视觉选择性和潜在商业价值，进而能够形成品牌效应。从经济效益来看，商品系列开发有利于促进新产品的开发，提高生产质量，方便产品的使用和维护，降低设备配件的储备率。合理简化产品品种，扩大适用范围，扩大生产批量，帮助企业提高专业化水平。合理简化生产工艺设备的设置、生产周期和成本。

（5）系列化产品的组合

所谓具有系列的设计，是指对商品的性能指标和主要参数（如颜色、形状、材质等）进行合理的综合和简化，然后根据一定的规律，通过搭配合适的配置，对产品类型和型号进行系列化，以适应产品的特点和应用技术。

（6）系列化产品的特点

系列产品之间存在一定的因果关系和依赖关系。系列产品中的每一个产品都有自己独立的功能，这些功能是由一些细节的表现统一起来的；通过系列产品功能的组合和匹配，可以产生更强大的功能。

（7）系列化产品的优点

企业系列设计是公司常用的一种设计方法。它的主要优点如下。

① 它可以满足不断变化的市场需求。由于中国经济市场发展的全球化趋势，人们对生活水平、生活方式和生活质量的要求越来越高。对时尚的追求和新产品造型的推广体现了时代要求，注重差异化，摒弃千人一面。系列化产品设计可以很好地实现这一需求。在推出一种具有市场价值、社会广泛价值的新商品后，公司可以在短时间内推出下一批相关商品，以满足更多消费者的需求。

② 形象塑造以及品牌效应。所谓"独木不成林"，与单个产品相比，一系列产品无论是在数量上、展示效果上，还是对消费者的视觉和心理上都有很大的影响。通过系列功能、形状和颜色的传递，产品可以在数量上加深制造商在消费者眼中的形象，更好地提升企业的知名度。

3

装备产品的工业设计方法

3.1 基于寻线的装备外观设计

任何形体均由线和面构成，而线条是具有形体意义的最基本单位。对于产品的设计来说，本质是对产品各处线条的比较和修改，从而达到和谐、统一的关系。在计算机辅助设计中，对产品实体进行分析后，在产品的六视图中修改相关线性，选择最具备产品特征的多个视图，进行模型的建立。在装备类产品构型方式上，使用基于寻线的方式进行外观设计。即在一个视图中，与大部分的线条具有形态上的关系或者因为架构和功能而无法改变的线条可称之为"寻线"，此时"被寻线"便是以"寻线"为参考，在这个视图中与之存在某些关系的线条。

在建模期间，我们一般使用 Pro-E，Soildworks，Rhinoceros 等工程类软件对装备类产品进行造型的构建。对于使用计算机虚拟改良设计的产品，其改良过程需要进行以下几个步骤：产品实体整体造型分析、多视角平面视图修改、重新构建三维模型、进入平面视图进行调整、三维模型最终修改。每当产品面临新的设计阶段时，都要通过这一过程进行反复修改。如图 3-1。

图 3-1　产品构型设计过程

在这一过程中，线条作为产品形体的代表性单位，起到了搭建支撑整体构型的作用。通过上述产品改良步骤中，每个阶段对产品各处线条的比对与计算，可以达到更为优化的比例关系与造型美感。

使用寻线法则对装备类产品进行线条的分析时，首先要进行产品表面样条线的群组划分。装备类产品作为大尺寸产品，其整体特征较为鲜明，结构的变化也颇丰富，不同的结构间比对差距也会更大。所以对其表面样条线进行的划分，主要依据其结构特征与表面线条的特征关系。其划分主要分为四类寻线表面样条线：

(1) 结构线条

产品原造型具有保留性的结构特征线条，具有支撑整体的作用。

(2) 功能线条

不可以改变的具有功能性关联的线条，如用于模型本体分型的线条、连续空间塌陷边线条等。

(3) 系列化特征线条

如能够体现产品企业文化特征的特征线条。具有较强的关联性和相似性，给消费者留下深刻印象的线条。

（4）装饰线条

产品规范图片标志、企业 logo，或与其装饰线条相关联的线条。

按照优先级将这四类寻线法表面样条线分为一级寻线、二级寻线、三级寻线和四级寻线，如图 3-2。

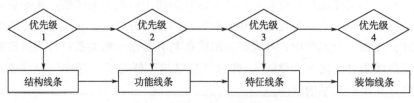

图 3-2　寻线法表面样条线分级

大型装备产品进行寻线设计法则的改良，要进行以下几个步骤：

首先将产品各级表面样条线进行提取，本书使用 Rhinceros5.4 进行这一步的提取与测量工作，之后进入 Illustrator 对线条进行分析与修改。

步骤一：在 Rhinceros 中放入模型，选择需要提取线条的曲面，复制其边缘线。

步骤二：依照不同寻线等级划分建立图层，并以颜色进行区分——红色为结构线条，黄色为功能线条，绿色为特征线条，蓝色为装饰线条。

步骤三：以上文提及的划分方式进行寻线划分，并放入不同图层。

步骤四：打开需要进行寻线分析线条的控制点，并在视图中对控制点进行长度、角度的标注。

步骤五：导出提取的线条为 AI 格式，放入 Illustrator 进行平面线条分析与修改。

以一款大型装备类产品为例，阐述产品表面样条线曲线的群组划分形式。图 3-3 为德玛吉立式加工中心产品模型。

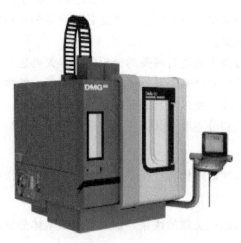

图 3-3　德玛吉立式加工中心模型

① 线条提取。图 3-4 中，红色线条为一级寻线，是构成模型的结构线条；黄色线条

为二级寻线，是保持功能性与空间分型作用的线条；绿色线条为三级寻线，保留了企业产品线上的重要特征；蓝色线条则为四级寻线，主要用于企业 logo 的放置与装饰。

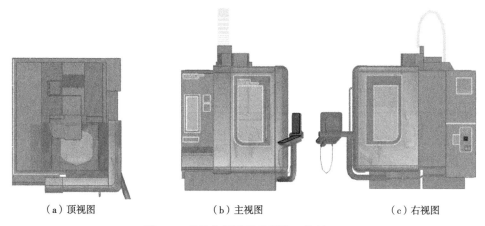

（a）顶视图　　　　　　　（b）主视图　　　　　　　（c）右视图

图 3-4　产品各视图线条提取（见封三）

② 长度与角度标注。如图 3-5，在 Rhinceros 中提取需要进行改良的产品表面的线条，并进行分组对比，将各个视图的长度、角度比例标注在寻线分组的线条上，并将标注尺寸的图片放入 Illustrator。

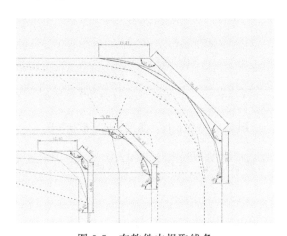

图 3-5　在软件中提取线条

③ 按照相同比例在 Illustrator 中进行缩放，并标注尺寸。如图 3-6。

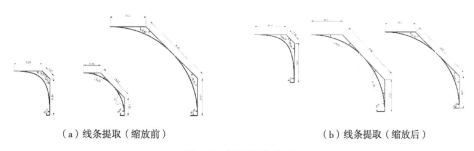

（a）线条提取（缩放前）　　　　　　　（b）线条提取（缩放后）

图 3-6　提取线条修改

④ 如表 3-1 中，将各组数据长度、角度的比值以表格的方式进行整理。

表 3-1　样条曲线对比分析数据

长度/角度	段 1	段 2	段 3
线 1	19.21/135	7.49/135	23.82/90
线 2	19.21/134.41	38.42/135.51	19.91/90
线 3	19.21/135.63	38.45/134.35	19.22/90

对提取后的线条数据进行分析比对，将各组线条比值中的长度作为横坐标，角度作为纵坐标，绘制在平面坐标系中进行回归分析，如图 3-7。观察各点对于直线函数 $y = x$ 的离散程度。

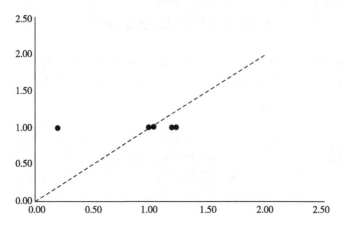

图 3-7　各组长度、角度比值离散分布图

⑤ 如图 3-8，判断离散点位置，并确定需要改良的线条为线条 1 的第二段和第三段长度。

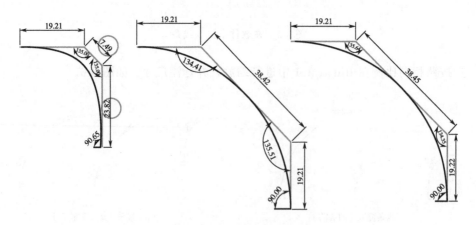

图 3-8　突变点所在线条确认（见封三）

⑥ 对线条突变点位置进行修改，修改后的数据如表 3-2。

表 3-2 修改后数据对比

长度/角度	段 1	段 2	段 3
线 1	19.21/135	38.49/135	20.82/90
线 2	19.21/134.41	38.42/135.51	19.91/90
线 3	19.21/135.63	38.45/134.35	19.22/90

对修改后的数据再次进行回归分析，发现离散程度恰当，并以改良后的线条在模型中进行修改。如图 3-9。

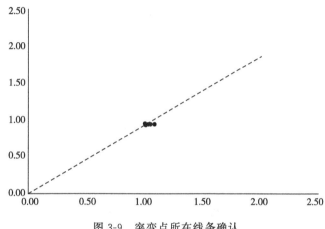

图 3-9 突变点所在线条确认

⑦ 完成线条的寻线改良，重新建立线条及修改模型。如图 3-10。

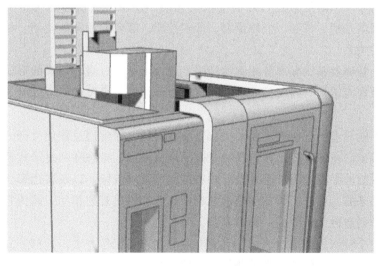

图 3-10 修改后的模型（见封三）

47

3.1.1　结构部件的布局优化

在过去的十年里，合成技术已经获得了一个相对清晰的特征，但是它的结构还没有形成一个系统。

工程中主要的组成类别之间的联系、规律、协调的方法，以及这些联系的位置和意义，理论的许多其他组成部分都在不断改进。由于在设计及其理论中使用了邻近区域的所有相似的东西，一方面来自建筑和艺术，另一方面来自技术，严重的差异最终开始出现，因为技术中造型的特殊性在很大程度上是由技术对象和人之间特定的联系决定的。与此同时，在建筑中，结构对形式的功能、过程、其他技术因素以及为技术服务的科学不能提供其概念、方法、技术的理论构成系统，也不能确定艺术中与和谐组织形式相关的许多规律。像任何科学学科一样，成分理论是基于反映最常见的本质关系和所考虑的现象之间的关系的范畴。构造学和三维结构就是这些范畴的组成部分。

构造学是物质结构工作在形状上的可见反映。例如，铸造的支撑结构必须在形状上表达清楚，以至于毫无疑问，它是铸造的，而不是焊接的结构。

同时，每个产品的形状可以从其所有元素之间及其与空间之间的某种相互作用的角度来看。作为一个三维结构，在某些情况下表现为简单或是复杂。但是，无论体积-空间结构的复杂程度如何，其所有要素的连接系统对于实现与构造的真正和谐至关重要。因此，一个组织良好的工业产品的体积空间结构和谐及其结构的清晰性是至为重要的。

作为一个调和的整体，任何工业产品的成分都有许多属性和品质。属性可以分为主要属性和次要属性。所以，产品的构成可以建立在对比复杂、富含结构的开放部分的机制上。而品质是空间结构的清晰性和组织性，是比例性、尺度性、构图平衡、所有元素形式的统一性、色彩性和色调的统一性。所有这些列出的品质共同提供了一种复杂的构成品质——形式的和谐整体性[13]。

技术上的形式和谐是通过特殊的手段实现的，在设计中被称为构图手段。包括比例、对比、细微差别、节奏、公制重复、形式性质、颜色和色调的使用、材料纹理和塑料体横截面的关系。

相称性是整体及其所有部分相称的结果，这个尺度通过对一个人的形体的所有元素进行有效的处理而达到，因为只有一个人可以被认为是一个尺度，可以给予事物正确的尺度。

设计师不能只求助于比例，还要关注节奏、对比。通常通过使用大部分工具，进而形成构图的基础。在最后的工作阶段，才需要细微差别、打磨和凸显形式性质等。但即使是这种最微妙的手段运用，也是设计师在最初的素描阶段，以及在色彩、色调或质感的运用中想出来的。组合工具在理论的结构中起着特别重要的作用，因为它们是设计工程师和设计师创造性工作中的一种工具包。

设计是一个特殊的创造性领域，有其专业的技术和工作方法。这部分知识与艺术设计的方法论相联系，不仅通过文献获得，大部分是在创造作品本身的过程中，在积累实践经验的过程中获得的。考虑到作品的个性和品质，深入分析其在许多地方的应用，有必要考虑艺术设计的技术和方法，特别是艺术和设计分析。

3.1.2　基于交互的模块化设计

人机交互技术涉及机构学、生物力学、机电一体化、神经科学、计算机信息处理、先进控制理论等多学科交叉融合。其主要分为物理人机交互（physical human-robot interaction，pHRI）和自然人机交互（social human-robot interaction，sHRI）。在交互的模块化设计上，物理人机交互强调人机物理接触，着重引导触觉感知安全；而自然人机交互主要包含以视觉图像处理、语音识别等感官认知为主的认知交互。两种交互研究侧重点不同[25]。

现今已有许多研究致力于有形用户界面（TUIs），但事实证明很难创建一个定义或分类能够使我们比较和对比不同的研究成果，将 TUIs 与传统界面集成，或为未来的工作提出设计原则。为了解决这个问题，我们提出了一个分类法，使用隐喻和体现作为它的两个轴，构成一个 2D 空间，它将可感知性视为光谱而非二进制量。离起源越远，系统就越"有形"。这种基于谱的分类法提供了多个优势，它统一了以前的分类和定义，整合了"平静计算"的概念，揭示了该领域以前未被注意到的趋势，并提出了适用于不同领域的设计原则。

在 CHI 1997 大会上，麻省理工学院的石井和乌尔默提出了"有形用户界面（TUIs）"，他们将其定义为"通过将数字信息耦合到日常物理对象和环境中来增强现实的物理世界"的用户界面。这篇论文在类似性质的其他论文基础上进一步研究，引起了研究界的极大兴趣——CiteSeer 中仅有形用户界面论文就被引用 190 次。虽然术语的书面表述有所不同（例如，"被动的现实世界道具""可掌握的""可操纵的"或"具体的"），这些术语在很大程度上没有区别，这归因于一个不断发展的领域的历史，而不是工作的性质。

乌尔默和石井后来建议采用最常用的短语"有形的"来统称这些术语。它们都有相同的基本模式——用户通过肢体动作来操作一些物理物体，计算机系统检测到这一点，改变状态，并给出相应的反馈。这个基本的范例现在已经得到了很好的证明，并且已经进行了一些定义和组织空间部分的尝试，但是这个领域还没有能够严格地超越"概念证明"的例子。

在对设计空间进行多次采样后以早期的组织尝试为基础，目标是提供一个有用的和一般的框架来定义空间，比较空间中的作品，帮助指导此类作品的设计，并将之前的框架进行归纳和统一。因此，从定义空间开始，根据这个定义给出空间的分类，然后通过讨论它的属性来激发分类法，最后讨论未来的方向。

在石井和乌尔默的原始论文中，将有形用户界面定义为用户界面，"通过将数字信息耦合到日常物理对象和环境中来增强现实的物理世界"。在他们后来的研究中，给出了一个更狭义的定义，除了其他限制之外，他们还将其定义为消除了输入设备和输出设备之间的区别，而更加突出了交互机制。在本书中进行了如上所述的放松，并寻求获得那种兴趣。首先将有形用户界面网撒得很广，甚至比第一个定义更广，然后展示如何以有趣的方式缩小它。从一个描述有形用户界面的非常宽泛的脚本开始，一些输入事件发生。这个输入事件通常是用户用他们的手在一些"日常物理对象"上执行的物理操作，例如倾斜、摇晃、挤压、推，或者最常见的移动，稍后将删除"典型的"限定符。为了演示这个序列，并说明被称为 TUIs 的各种系统，展示以下四个例子（见表 3-3）。

表 3-3　四种 TUIs 系统举例

体现	例子	图片
无趣的	变形虫	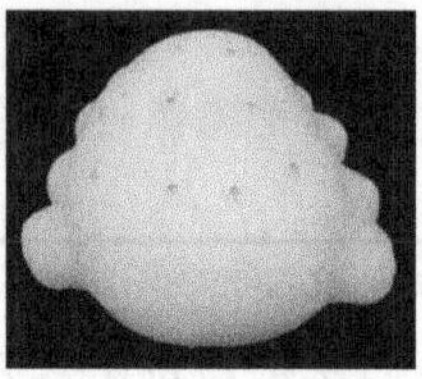
附近的	砖	
环境	卡通镇	
遥远的	娃娃的头	

（1）"大穹顶"

用户使用实物，例如，麻省理工学院"大穹顶"校园建筑的小型模型。该系统检测设备通过工作空间上的两个运动（旋转和平移）显示校园地图。系统相应地旋转和转换显示在工作空间上的地图视图。输入事件是旋转和平移。输出事件用于更改底层工作区的显示。使用了两个对象：一个是用于指示建筑物的输入；另一个是用于输出的增强桌面。

（2）"画板"

用户有一个带显示器的电脑。通过摇动计算机，整个显示被清除。输入事件是一个振动；输出事件用于清除屏幕。一个"非日常"对象同时用于输入和输出。

（3）"卡通镇"系统

有一个"虚拟礼堂"，里面有代表聊天系统用户的小数字。通过在礼堂中移动数字，用户的音频水平被调整。这里输入事件是翻译；输出事件是音频变化。其中使用了两个对象，它们都是"现实世界"对象的代表，但不等于"现实世界"对象。

(4)"照片立方体"

一个照片立方体上有 6 个射频识别（RFID）标签，每个标签对应立方体的一个面。如果在平板电脑上添加一张面孔，就会在平板电脑上显示照片上人的主页。输入事件是一个空间运动，其中立方体的方向是重要的；输出事件用于更改显示。一个日常对象用于输入，一个非日常用品用于输出[26]。

面对竞争激烈的市场环境，企业投入了大量的人力、财力、物力等资源来研发新产品。产品概念设计决定了最终产品的质量、成本和可靠性，是产品生命周期中最重要的阶段。考虑到产品概念设计过程中信息的模糊性和专家在选择概念产品时的交互性，提出了一种基于直觉模糊二元语义群决策的产品概念设计方法，下面以实例进行说明。

新产品开发是保持公司竞争地位和在动态市场中取得成功的关键过程。概念设计在新产品开发和现有产品再设计中起着重要作用。Brunetti 和 Golob 提出了一种方法，将基于特征的表示方案用于在概念设计阶段捕获产品语义，并将早期设计与零件和装配建模联系起来。Tay 和 Gu 提出了一个基于功能的概念设计模型。为了支持设计人员灵活、快速、轻松地生成设计概念，本书探讨了一种基于本体的知识管理方法，该方法与图形建模工具协同工作。Liikkanen 和 Perttula 专注于解决方案搜索阶段，分析了显式和隐式的问题分解技术，并将它们集成到一个描述性认知模型中。Gehin 等在设计产品结构元素时引入了一种支持设计师定义产品生命周期场景的方法，并通过冰箱的案例研究对该方法进行了说明。Li 等在综合了公理设计模型、功能-行为-结构模型的基本规则和功能创新思维逻辑指导原则的基础上，提出了一种辅助产品设计多阶段创新的概念设计过程模型。Albiñana 和 Vila 为制定产品设计中集成材料和工艺选择的框架方案，定义了基于全生命周期参数之间关系的工作流。在计算机辅助设计中有许多开源应用，然而，没有在线环境；因此 Suaza 等人提出了概念设计的 Web 2.0 在线技术。随着互联网技术的发展，将不同领域的设计师组合成一个团队来支持产品设计成为可能。研究了一个支持自顶向下面向过程产品设计的分布式协同产品设计环境，提出了在概念产品设计过程中利用数字雕刻软件制作三维草图的方法。为了在产品服务系统的概念设计过程中增强设计师的意识，Bertoni 展示了一种彩色编码的 3D 可视化方法的测试活动。案例推理是一种很有前途的产品概念设计辅助方法。Li 和 Xie 提出了一种模块化的通用产品模型，用于管理独一无二的产品族。Weiss 和 Hari 改进了 Pahl 和 Beitz 在 1977 年推出的新产品概念设计的系统方法。简一和 Ng 提供了产品设计的概述，包括四种产品类型：分子产品、配方产品、器件和功能产品。

基于平台的装配式产品族设计已被重新定义为流程工业的基于平台的非装配式产品设计框架。Szejka 等人开发了一个语义协调视图来支持产品设计和制造中的交互操作信息关系。Bourgeois-Bougrine 等讨论了创造力训练对提高学生信心的有效性，以及所使用的工具与概念设计挑战、创作过程的阶段和个人偏好之间的匹配。Ko 基于公理设计和解决创新问题的理论，将问题分析和创意生成方法整合到新产品概念设计阶段，提出了一种新的混合紧凑设计矩阵。Filho 等探索了智能产品的艺术状态，并在智能工厂生产环境中设计了一种具有自我意识的智能产品。Relich 和 Pawlewski 开发了一种基于案例的推理方法，使用神经网络来估计独一无二的生产公司的新产品开发成本。Zhang 等开发了一个概念模型，用于制造商重新设计产品，并识别增材制造工艺的采用机会。He 等人致力于利用未知测度模型对产品环境足迹进行概念设计评价。Jiang 等人提出了原理方案的性能值的概念，并对方案进行了改进。采用多目标优化方法对聚二甲醚生产新工艺进行了概念设计。Ilgin 等在具有环境意识的制造和产品回收方面提出了 190 多项多准则决策研究。Bracke 等引入了一个概念，即如何在随后的产品生成的概念设计阶段做出与生态和可持续发展相关的决策，并通过一个汽车工程实例解释了该决策概念。由工程师和客户的主观评价而产生的不确定性，在现有的大多数概念设计方法中都没有被考虑。对于机电系统的概念设计，可以使用各种工具，如模糊德尔菲法、模糊解释结构建模、模糊分析网络过程和模糊质量函数展开。Büyüközkan 和 Güleryüz 提出了一种组合直觉模糊群体决策模型，该模型由直觉模糊层次分析法和直觉模糊与理想解相似度排序技术组成，可有效地评价产品开发合作伙伴。提出了一种基于模糊形态矩阵的产品概念设计系统决策方法，利用具有主观不确定性的工程师和顾客的知识和偏好，定量评价产品概念设计的功能求解原则。Atanassov 提出了直觉模糊集（IFS）的概念，它是模糊集的泛化。由于直觉模糊集赋予每个元素一个隶属度、一个非隶属度和一个犹豫度，因此，IFS 在处理不确定和模糊信息时比模糊集更具有表现力。提出了一种基于直觉模糊二元语义群决策的概念设计方法，旨在使概念设计过程更加科学、可靠。

概念性产品是最终产品的原型，其目的是提高人们的消费体验。概念产品设计是基于对现有产品的评估和对未来需求的假设。因此，选择最佳的概念产品是很重要的。本书介绍了一种基于直觉模糊二元语义群决策的概念产品选择方法，该方法能较好地处理决策过程中的模糊性和不确定性，并能综合各决策者的意见来选择最优的概念产品。实例分析表明，该方法能较好地解决这类问题[27]。

3.1.3　结构构架的设计准则

随着全球市场的不断融合和多元化，个性化消费需求的不断增长，工业设计不再局限于以功能、色彩、造型为核心的传统品类，而是向大规模定制生产发展，快速整合用户的需求尤为重要。传统的机械设计方法注重功能结构的实现，以满足机械条件为主要设计准则。随着计算机技术的发展，越来越多的辅助设计软件可以帮助设计师完成产品设计。在提高设计效率的同时，机械行业的成果同质化严重，这种传统的便携式设计方法已经逐渐无法满足用户的需求和市场的需求。传统中小企业和老工业设计基地大多面临转型升级难、产业价值链低、产业成果产出有限等一系列亟待解决的问题。

面对这样的情况，国内不少学者提出了"将工业设计理论和方法融入机械创新发展"的理念，极大地改善了机械的品牌识别、产品造型、色彩绘画、人机工程学等方面。基于这一理念，传统机械产品的价值正在逐渐回归春天。然而，一方面，受力学理论限制的设计者并不能完全解决目前机械设计中的缺陷，有些设计仍然停留在结构和功能的范畴。基于工业设计 4.0 的背景，机械产品与工业设计将走向"创新驱动、共享融合"的发展趋势；另一方面，虽然提出了"两者结合、并驾齐驱"的概念，但大部分研究仅停留在表面的理论层面，没有对区域机械工业发展的特点和国家对工业设计的指导进行深入研究和实践结合，两者之间的优势没有最大化，缺乏实质性的创新模式和切实有效的指导。

感性工学是一种探索用户与产品关系的研究方法。它是一种工程技术，通过量化用户的感知需求，将其转化为设计师在设计产品时考虑的外形因素，让用户感到满足。品牌产品设计过程中的用户偏好是通过与消费者、产品和工程设计者或产品设计者的多层中介联系来解决的。设计师不能对消费者的需求和偏好做出自己的假设。为了快速响应客户对产品造型风格的需求，通过眼动测试提取产品造型的关键几何特征，建立客户与产品之间的映射关系和设计进度。随着个性化生产的不断发展，基于功能技术的机械装备设计也需要考虑用户对高品质产品的需求。设计师需要引入感性工学的理论，设计出让用户满意的机械产品。

创造性问题解决理论（TRIZ）于 1946 年由根里奇·阿尔特舒勒在苏联提出。TRIZ 是一种创新设计方法，在工程设计中得到了广泛应用，并逐渐扩展到其他领域。为了解决产品和服务组件之间的矛盾，产品-服务系统（PSS）的新概念被提出，用于开发产品和服务关键特征的质量功能，并应用于汽车共享服务。创造性问题解决理论与类比理论结合后，提出了相关的概念设计过程模型，提高了设计师的创新设计能力。形态学与 TRIZ 的结合，拓宽了形态学矩阵的应用领域，提高了解决产品问题的创新能力。通过基于创造性问题解决理论的方法，从仿生来源获得的对 140 个生物系统的分析，提供了在仿生应用中重复的结构-功能模式的列表和示例。然而，TRIZ 的研究大多停留在产品功能和工程技术的角度，很少关注顾客的主观审美。为了满足用户对机械产品的感性偏好，需要充分考虑用户的感性需求。

以上两种方法在产品创新设计中各有优势。感性工学方法更注重产品感知，创造性问题解决理论基于工程设计的功能和技术。然而，面对产品结构和复杂功能，这两种方法对于创新设计的客观评价缺乏可靠性和有效性。因此，开发跨学科的设计方法来解决不同领域之间的"界面"问题势在必行，例如工程设计、市场需求、使用环境、社会行为、环境影响评估等其他因素。

感知工程最直接的解释是将消费者的感知转化为产品设计元素的技术。旨在为设计师和制造商提供一种方法，掌握用户的情感和精神需求，并将这些需求转化为产品设计元素，以增强产品在市场中的竞争优势。在工业设计中，感知工程考虑的是用户的心理感受、意象和心理预期，如实用性、美观性、高品位、精致性等。从设计过程来看，感知工程以工程技术为手段，量化人的感受，找到这些可感量与各种物理量之间的高阶函数关系，以量化数据作为工程分析研究的基础。

创造性问题解决理论通过提问、分析问题、执行组件和交互分析、构建功能模型图，以及使用创造性问题解决理论工具箱中的技术冲突、物理冲突、标准解决方案和科学效果，对问题进行深入研究，以便找到最简单、高效和经济的解决方案。其中，TRIZ 提出了 39 个描述技术冲突的工程参数和 40 个发明原理。为了建立两者之间的对应关系，提出了矛盾冲突矩阵。在解决实际问题时，只要确定设计中的冲突参数，就可以在冲突矩阵中选择相应的发明原理，迅速找到相关的解决方案。

随着《中国制造 2025》的颁布，人们对机械设备综合质量的要求越来越高，但基于功能技术的机械设备设计受到材料、结构、工艺等因素的限制。因此，TRIZ 的矛盾解决方案、理想化解决方案和进化预测技术被应用到感性设计中。通过对机械产品设计要素与感性设计要素之间矛盾的挖掘和映射，使设计符合机械产品设计要求。理想化模型和创新设计模型为产品设计中寻求功能技术和艺术形式的最优解提供了基础。

3.2 装备产品的人因工程

3.2.1 功能与操作的共融关系

多年来，人机交互研究界一直在努力将设计融入研究和实践中。虽然设计已经在实践中获得了强大的立足点，但它对人机交互研究界的影响却小得多。一种新的人机交互设计研究模型遵循通过设计进行研究的方法，设计师对人机交互研究进行新的整合，试图做出正确的东西：将世界从目前的状态转变为理想状态的产品。这个模型允许交互设计师根据他们在解决受限问题方面的优势做出研究贡献。

近年来，当一些学术机构试图将设计与技术和行为科学结合起来以支持人机交互教育和研究的时候，他们既见证了也参与了这场斗争。虽然人们对整合设计所带来的好处感到非常兴奋，但除了开发和评估新的设计方法之外，还没有一个公认的研究模式可以让交互设计师做出研究贡献。在过去的两年中开展的一个研究项目，目标是了解交互设计和 HCI 研究团体之间关系的性质，以及发现和发明交互设计研究人员更有效地参与 HCI 研究的方法。

通过调查，我们了解到许多人机交互研究人员通常将设计视为提供表面结构或装饰。此外，我们对设计研究人员能够为人机交互研究做出什么贡献缺乏统一的看法。这种对交互设计研究愿景的缺乏代表了人机交互研究界失去了一个机会，即从合作研究环境中的设计思维的附加角度中获益。研究界可以从一个额外的设计视角中获得很多好处，这个视角采取了一种整体的方法来解决受限的问题。为了解决这种情况，本书做出了两个工作。

一个是旨在使 HCI 研究和实践团体受益的交互设计研究模型（见图 3-11），另一个是一套用于评估交互设计研究贡献质量的标准。这个模型是基于英国皇家艺术学院弗瑞林的通过艺术设计的研究，它强调了交互设计师如何参与"棘手的问题"。这种交互设计研究方法的独特之处在于，它强调设计作品是可以将世界从当前状态转变为理想状态的成果。在这种类型的研究中产生的人工制品成为了设计的典范，为研究结果提供了一个适当的渠道，使其能够轻松地转移到人机交互研究和实践社区。虽然我们并不打算让这成为交互设计师可以做出的唯一的研究贡献，但我们认为这是一个重要的贡献，因为它允许设计师运用他们最强的技能来做出研究贡献，而且它很适合当前 HCI 研究的合作和跨学科的结构。

设计研究作为一种独立于设计实践的活动的出现，是由于需要正式解决设计师被要

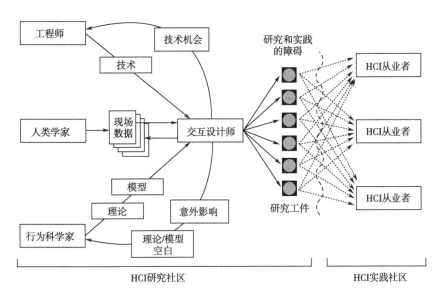

图 3-11　交互设计研究模型

求创造的日益复杂的系统。大型机械、飞机和火箭等产品的复杂性不断增加，这就需要有新的设计方法，使之更具有可预测性和协作性。设计方法运动从这一需求中发展起来，并产生了第一批专注于知识开发而非人工制品消费的设计研究人员。

在设计研究界，设计和科学之间一直存在着一种紧张关系。科学框架的概念来自于美国建筑师巴克敏斯特·富勒（Buckminster Fuller）的呼吁：“……基于科学、技术和理性主义的'设计科学革命'……”赫伯特·西蒙（Herbert Simon）也在他的《人工科学》一书中呼吁研究设计科学，以帮助更自由地教育科学家和工程师。在这种情况下，科学可以是对设计师如何工作的科学研究，或者在合理的设计实践中使用科学知识和方法。在对设计方法的研究讨论进行补充时，美国麻省理工学院前哲学系教授唐纳德·舍恩（Donald Schön）引入了设计作为一种反思性实践的想法，在这种实践中，设计师对所采取的行动进行反思，以改进设计方法。虽然这似乎与设计科学背道而驰，因为设计实践是科学调查的重点，但一些设计研究者认为，反思性实践和设计科学可以和谐地共存。

在早期，人机交互研究界中的“设计”一词是指可用性工程。“……对用户和系统进行建模并指定系统行为的过程，使其符合用户的任务，高效，易于使用，易于学习。”随着时间的推移，训练有素的设计师开始与软件开发者一起工作，带来了他们在设计印刷品时开发的视觉层次、导航、色彩和排版方面的技能。瑞典交互设计教授乔纳斯·洛格伦（Jonas Löwgren）将他们带给交互设计的过程称为“创造性设计”，以区别于工程设计方法。在工程设计中，开发人员创造软件以满足规范，而在创意设计中，设计师不断地重新构建问题，在设计过程中不断地质疑基本假设。

瑞典的丹尼尔·法尔曼（Daniel Fallman）的工作将人机交互作为一门设计学科。他将工程师和行为科学家进行的研究描述为“面向设计的研究”。研究人员参与设计和制作原型，以展示他们的研究贡献。在这种情况下，研究界从设计和设计思维的过程中受益，因为它们导致了更好的研究原型。

奥地利建筑师克里斯托弗·亚历山大（Christopher Alexander）在模式语言方面的工作代表了一个设计研究人员对设计方法的研究是如何对人机交互研究界产生影响的例子。他的工作要求设计研究人员检查上下文、力量系统和用于解决重复设计问题的解决方案，以便提取一套潜在的"设计模式"，从而产生一种"模式语言"。人机交互研究界已经接受了用这种方法来解决网站的设计问题。

3.2.2　感性工学与装备的结合

华东理工大学周志勇在《感性工学与脑电技术融合的医疗护理设备设计与评价方法研究》中提到，为顺应时代发展的需求，消费者的消费意向从最开始的便捷与高效向产品的"情感功能"与"感性关怀"转变，感性工学应运而生。感性工学作为工学的一个分支，起源于日本广岛大学的长町三生（Mitsuo Nagamachi）教授于1970年提出的"情绪技术"（Emotion Technology）的概念，之后此概念被引入到工学领域，开始了产品感性工学的相关研究。

感性工学是一种积极主动的产品开发方法，它将客户对现有产品或概念的印象、感受和需求转化为设计解决方案和具体的设计参数。预期用于未来产品的心理印象被放入感性工程系统（KES），该系统反过来提供所需的产品设计参数，唤起预期的印象。

感性工学（Kansei Engineering）的研究集中在把用户对产品的使用体验、感受通过恰当的方式映射到设计元素上。其不仅仅是一种设计工具，同时还是帮助设计师把握客户对产品情感的利器。其中，"感性"是指用户面对产品外观、造型时所产生的心理感受，以及用户在使用过程中所产生的心理、生理上的感受，综合来说就是产品对用户心理、生理上所引起的变化。目前学术界对于感性工学的定义众说纷纭，还未形成一个统一的定义，但是综合来说，感性工学就是利用工程学，秉持"以人为本"的理念来研究人的感性因素，再将感性信息融入到具体的设计生产活动中。

20世纪70年代，制造商生产了大量产品，人们购买了它们。在那时，制造商根据自己的概念和策略设计产品。然而，消费者不得不不顾个人喜好购买。现在，他们家里有很多他们不想要的东西。消费者希望产品符合他们自己的设计感受、功能要求和价格。

"产品输出策略"意味着制造商根据自己的设计策略进行生产，而不考虑消费者的需求和偏好。另一方面，"战略中的市场"指基于当前消费者的欲望和偏好的生产。如今，消费者根据自己的需求和偏好来选择产品是非常严格的。

日本第一篇研究感性工学的论文是1975年《人机工学》杂志出版的《情绪工学研究》一文，作者为长町三生教授。此文的发表标志着日本感性工学研究的开端。1979年，日本广播协会（NHK）向社会推广"情绪工学"后，首先受到室内建材制造企业的关注，并开始定量研究室内设计与用户感性需求的关系，这是首次出现感性工学研究成果的产业化。日本经过20多年对感性工学的研究，出现了许多的研究学者和研究成果，基于此，日本感性工学会在1998年10月成立。该学会同时创办了名为《感性工学》的杂志，这成为了日本关于感性工学的最高级别研究期刊之一，随着期刊的出版，日本感性工学相关论文数量急剧上升。中国对感性工学的研究起步相对较晚，1996 年国内发表于《装饰》杂志的《人与物的界面设计》一文中首次使用"感性工学"一词，该文的原作者为日本筑波大学教授原田昭，由王明旨教授翻译而成。这是首次将"感性工学"这一概念引入国内学术界，这篇文章主要介绍了感性工学在 UI 界面中的应用。在 2003 年，李砚祖教授在《新美术》中对感性工学进行了系统的介绍。

目前感性工学的研究方法概括中最为权威、全面的是由长町三生教授总结而出的。其将感性工学概括为五个研究方法，分别是：

(1) 感性工程模型法

感性工学利用计算机系统中构建的数学模型。在这种技术中，数学模型就像规则库一样工作。三洋电气公司试图在彩色打印机中实现感性模糊逻辑作为机器智能。智能彩色打印机由摄像机、计算机和模糊逻辑彩色打印机系统组成，能够根据模糊逻辑诊断出原始图像的颜色，打印出更漂亮的彩色图像。Nagamachi 开发了一个基于模糊积分和模糊测量逻辑的日语语感计算机诊断系统。这是用来诊断品牌感觉的，几家日本公司使用该系统来确定新品牌产品的良好感觉名称。感性工程模型法是通过建立数学预测模型，将收集到的感性因素变为直观的数据，用来测量使用者对一系列词汇的感性，从而进行辅助设计。

在现有的研究中，赵秋芳通过总结归纳，针对国内相关设计建立了一套感性工学简化模型，然后用此简化模型对"电热水壶形态要素与感性之间的关联性"进行了分析。她的研究表明感性工学是可行的。杜琰等人采用因素分析、集群分析等方法，对背包外形进行了分析和解构，并通过感性工学理论进一步将双肩背包的造型因子和意象之间建立起了联系。

(2) 感性工学系统法

感性工学系统（KES）是一个关于感性工学的计算机辅助系统。感性工程系统是一个带有专家系统的计算机化系统，该专业系统支持将消费者的感觉和图像转换为物理设计元素。KES 结构中基本上有四个数据库和一个推理机。新产品领域中使用的感性词汇是从商店或相关行业杂志中收集的。这些词大多是形容词，有时是名词。如与乘用车有关，客户会使用"快速""易于控制""华丽""高质量"等词。在进行人机工程学评估后，这些感性词会通过因子分析、聚类分析等多元分析方法进行分析。感性数据库由这些经过统计分析的数据组成。感性工学评估主要通过五点量表上的语义差异（semantic differential，SD）方法进行。

图像数据库通过语义差异量表评估的数据通过 Hayashi 的量化理论类型 Ⅱ（Hayashi，1976）进行二次分析，这是一种定性数据的多元回归分析。经过分析，我们可以得到感性词语和设计元素之间的统计关系，这就是图像数据库。因此，我们可以在设计元素中确定特定感性词的贡献项，反之亦然。例如，如果消费者或设计师想要确定适合"快速感觉"的设计，他或她会检查图像数据库，将这些文字输入系统，并找到对这种感觉最有贡献的设计元素。

知识库由一组"if, then"形式的规则和控制图像数据库的规则组成。它还包括色彩调节原则、圆形设计原则等。

设计细节分别在形状设计数据库和彩色绘画数据库中实现。所有的设计细节都由设计的各个方面组成，这些方面与每个感性词作为一个整体相关联。颜色数据库由与感性文字相关的全色组成。基于规则库的特定推理系统提取形状和颜色的组合设计，然后在屏幕上以图形显示。

(3) 感性信息分类

类别分类是一种方法，通过该方法，计划目标的感性类别被分解为树结构，以确定物理设计细节。下面是感性工学Ⅰ型应用的一个很好的例子。日本汽车制造商马自达（Mazda）开发了一款名为"Miata"（日本的 Eunos Roadster）的新型跑车，它源自感性工学。时任马自达董事长山本健一（Kenichi Yamamoto）对这种新的人体工程学技术非常感兴趣。因此，长崎被要求向马自达的开发工程师教授感性工学，并经常参观马自达。目前，感性工学已经成为马自达新产品开发的基础技术。

(4) 虚拟感性工学

虚拟感性工学是感性工学与虚拟现实技术相结合的新技术。虚拟现实现在是一种非常流行的技术，在这种技术中，人们可以通过头盔显示器（head mounted display, HMD）和数据手套虚拟地浏览由计算机创建并显示的设计。在该技术中，包括新产品在内的感性环境被构建在系统中，然后客户被邀请到新产品的虚拟空间。虚拟空间和产品由感性工学决定。因此，客户可以在虚拟空间内查看新产品。例如，Nagamachi 与松下工程公司（Matsushita Works Co.）共同构建了一个虚拟感性工学厨房系统（Nagamachi 等，1996）。在该系统中，厨房由感性工学系统决定，以符合客户的厨房形象，客户在计算机图形中穿行，并参考计算机虚拟世界中隐藏的形象评估虚拟厨房。

(5) 混合感性工学

长町三生教授认为感性工学主要是"一种以顾客定位为导向的产品开发技术，一种将顾客的感受和意向转化为设计要素的翻译技术"。感性翻译的流程是从顾客的感性到设计细节。设计师也可以使用这种风格来决定设计。如果他或她想从"市场策略"的角度设计感性产品，设计师首先确定他或她的新产品设计形象，然后他或她能够在感性工学系统的支持下确定产品的设计规格。这个方向被称为"正向感性工学"。

然而，设计师有时想知道他或她的形象和设计在多大程度上符合感性。经过计算后这为设计师们提供了一些很好的建议，让他们知道如何创作出更多的设计作品。这个方向被称为"逆向感性工学"。图 3-12 显示了感性工学中的感性翻译方向。这种组合被称为"混合感性工学"。使用混合感性工学系统，设计师可以通过正向感性工学从感性文字中获得设计规范。从系统显示的结果来看，设计师根据自己的想法进行更具创造性的设计，并参考系统给出的建议。然后，设计师将他或她关于产品的新草图输入到系统中，逆向感性工学通过图像识别系统识别设计师的草图。

混合感性工学则是在感性工学系统法的基础上发展起来的，由于系统法中的正向感性工学方法和逆向感性[28]工学方法在特定的场景下各有优势，因此有关学者尝试将其

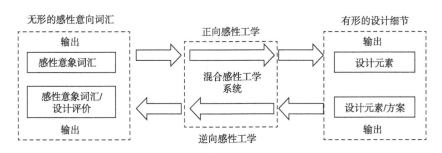

图 3-12　混合感性工学流程图

结合，所以混合感性工学又被称为正逆向结合型感性工学。

在工业设计过程中，为了将用户的感性需求转化为设计机会，使产品造型更加准确有效，从而满足用户的感性诉求，采用感性工学方法结合统计学方法对设备的造型设计进行研究。在一项汽车座椅调节杆位置的感性工学研究中显示，驾驶安全至关重要。驾驶时的坐姿与驾驶安全、驾驶工作效率有着密切的关系。大多数的工人都是坐着工作的，工作时的坐姿与工作效率密切相关，从安全、工作效率和生产力的角度来看，坐姿的可操作性和舒适性是非常重要的。

汽车内部各部件的三维内部空间有限，座椅等内饰部件必须确保安全性和舒适性。研究表明，如果适当调整座椅靠背的角度，脊柱负荷会降低。由此可见，在汽车开发初期，考虑到人体操作舒适度，在有限的空间内，对换挡杆、方向盘、油门踏板等驱动界面的设计具有挑战性。

长町三生表明感性工学技术是一种新的消费产品开发的优秀方法，可用于汽车、电器、建筑和服装。长町三生等人报道了一项利用 KE 开发压疮预防床垫的预防性研究。通过使用感性工学，他们发现了一种睡觉舒适、易于翻身的材料，能够有效地预防压疮。石原（Ishihara）等指出，专家系统方法通过分析用户的感受，将 KE 转化为产品设计。他们表示，这项研究获得了几个关于施工设备设计的发现，考虑了可操作性、熟悉性、吸引力和人类心理舒适度。长町三生描述了感性工学/感性人体工学在汽车、家电、服装和城市规划设计中的应用。针对高速列车内部设计中座椅的设计，乘客可以通过三种方式调整靠背的角度（直立、伸展和放松），以确保旅行的舒适，对最终用户来说，座椅调节装置是必要的。座椅位置调整的易用性和办公椅靠背角度是设计办公椅吸引最终用户注意的关键因素。

设备座椅的坐垫盘和座椅靠背的可调性影响着乘员的舒适性。图 3-13、图 3-14 为市场上典型汽车座椅的结构及各调节机构与操作杆位置的关系。每个座椅调节机构都安装在座椅-坐垫-框架-组件和靠背-框架-组件内部。每个杠杆的唯一可能位置都在各自的调节机构的范围内。图 3-13 所示为标准乘用车座椅框架结构，在北美、欧盟、日本和东南亚等地区市场销售，有不同的框架类型，如管框架和冲压框架。图 3-13 所示的座椅框架具有冲压式缓冲盘框架和管式靠背框架。这种类型的框架常见于小型、紧凑型、中型、大型、豪华型、运动型轿车，小型货车/面包车和运动型多用途汽车。图 3-14 中（a）和（b）为典型的八向式汽车座椅调节机构和操作杆位置的通用方案。

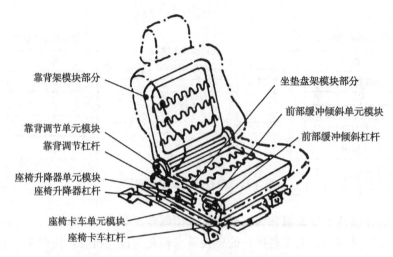

图 3-13 典型汽车座椅结构（冲压式缓冲盘框架和管式靠背框架）

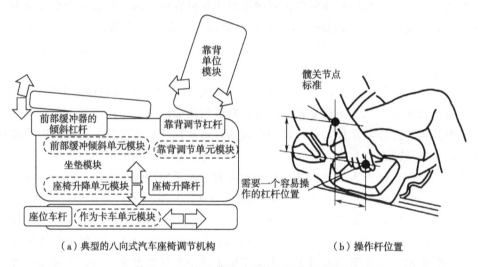

（a）典型的八向式汽车座椅调节机构　　　　　（b）操作杆位置

图 3-14 汽车座椅调节机构及操作杆位置

　　在汽车内饰件设计工作中，座椅调节杆有操作杆位置、操作负载、初始运动杆倾角、操作杆形状等设计因素。

　　为保证安全，操作负载应设计成行驶过程中即使有物体不慎掉落在座椅与门之间缝隙中时，也不会松开锁紧装置。出行时前座椅的锁紧机构不会由于后座儿童好奇而被释放是十分必要的。

　　当调节杆处于倾斜位置时，不得干扰旅客登车的上下车区域，即调节杆不能从阀座表面向上伸出，调节杆的水平方向一般不会干扰驾驶者的坐姿运动区域。

　　控制杆握力的形状影响操作者的操作感觉和肌肉力量。研究表明，带扶手的手臂支承和杠杆形状的差异会影响机械控制操作的肌肉疲劳和工作性能。

　　座椅调节杆的设计位置（垂直和水平距离）对于碰撞安全至关重要。图 3-15 所示为座椅调节杆位置与车内部件的关系。表 3-4 列出了汽车座椅调节杆位置的设计约束。在设计调节杆的位置时，要保证在发生碰撞事故时，即使周围的内部件（包括安全带）发生变形或移动，锁机构也不会因与调节杆接触而脱落。杠杆位置是确保操作空间（手在车内有限空间内操作的区域）和操作舒适性的重要设计因素。调节杆的位置是一个重要的设计元素，用于保证安全性和调节杆的可操作性，在车内有限而狭窄的空间内，必须将调节杆设计到尽可能令人舒适的位置，以满足这些严格的设计约束。

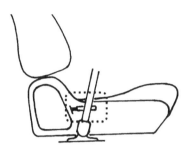 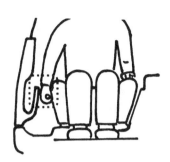

（a）侧视图：设计条件（安全）示例，安全带的张力不会为操作杆提供动力，以便在发生碰撞时将其释放

（b）前视图：设计条件（工作区）示例，调节杆的位置使得当使用者的手握住杠杆时，它与周围部件（例如门套）之间有足够的空间

图 3-15　座椅调节杆与车内部件之间的位置关系

表 3-4　汽车座椅调节杆位置的设计约束

设计条件（调节杆位置）
① 调节杆机构应设计安全，如当车辆与前、后、左、右碰撞时不会发生锁紧装置因安全带干扰而松开的情况
② 设计一种调节杆位置，该位置要保证空间可以满足快速抓住调节杆的要求，即使在狭窄的车辆中也不会干扰操作中的外围部件
③ 设计调节杆时，无论性别或身高差异，操作位置要舒适
④ 座椅调节杆不能被意外坠落的物体从锁上松开
⑤ 座椅调节杆不能因后排或相邻座椅乘员的手臂、腿或脚的意外移动而从锁上松开

人体工程学和感性工学知识对于各类终端用户至关重要。Kyung 等人研究指出，汽车座椅必须调整以适应坐着的人的高度。据研究，现代汽车座椅似乎最适合中等身高的用户，现有的汽车座椅调节杆位置可能并不适合所有的驾驶员。在这项研究中，考虑到身高对大多数用户的影响，根据完全面向对象的查询语言（Hibernate Query Language，HQL）调查，研究参与者的身高范围为日本身高的 5%～95%。他们将研究中的实验设计为适用于所有用户的设计指标。设计师通过问卷调查确定了研究的方法和实验杠杆装置的测试条件。为了设计汽车座椅的调节杆，确定可以提高安全性和市场价值的设计因素，将为所有用户和设计师提供重要的发现。在汽车设计的早期阶段，KE 技术对于整合和研究人类情感至关重要，而最终用户对于舒适汽车的设计至关重要[29]。

3.2.3　操作者的角色变换

近些年来，城市的发展以及各种社会变化极大地增加了世界各地城市生活方式的复杂性。现代化是一个社会变化的过程，它是由传播和采用扩张性和更先进的社会特征所导致的，其涉及社会动员，以及一个更有效和集中的政治和社会控制机器的增长。

技术逐渐成为人类行为和生活空间的一个组成部分，空间、用户界面设计和城市空间的互动仍然是一项具有挑战性的任务。澳大利亚民族事务委员会将文化认同定义为"对某种特定生活方式的归属感和依恋"，包括语言、宗教、艺术、食物、价值观、传统等，与某一特定群体的历史经验有关。

为了创造新的替代方案并提供服务，有必要了解社会和用户的情况，了解他们的需求和偏好。马斯洛金字塔（见图 3-16），用于识别基本的需求。某种需求的缺乏会导致一些不愉快的后果。例如，情感和社会需求位于第三层，当这一层次的需求得不到满足时，会影响家庭关系和社会互动。有人指出，当今社会的现代化和工业化导致人们的沟通交流逐渐减少。

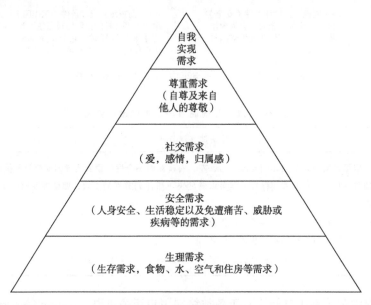

图 3-16　马斯洛金字塔

根据世界各地城市的现状来看，城市需要更多的空间来满足社会文化关系。这些空间包括公共休闲空间，人们在其中度过休闲时光。2006 年对全球 1000 个公共空间进行的研究的结果表明，有四个因素（见图 3-17）对城市空间的效用非常有效；第一个因素是空间的连续性以及使用的方便性；第二个因素是空间中人们的活动；第三个因素是空间的舒适性和吸引力；最后一个因素是允许公众进行社会互动的场所。

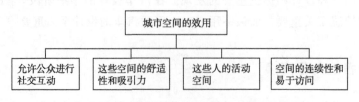

图 3-17　城市空间效用的四个因素[30]

3.2.3.1 卡诺模型（Kano Model）

华东理工大学吴义祥在《结合魅力因素构建与评价的产品形态设计过程研究》中提到，在产品设计的领域，感性工学与相关研究被大力提倡，使用者的主观情感需求受到重视。作为一个以消费者的感受为导向的新产品开发技术，感性工学被定义为"将消费者对于产品所生感觉或意象，予以具体化成设计要素的一门技术"，它可以成功地应用在实际的产品设计上，并且已经广泛用于产品设计领域中，以探索消费者感受与产品设计元素之间的关系。人类情绪极其主观，为了研究消费者的情感需求，感性工学倡导者提出了使用感性词语或形容词来表达各种情感。感性工学探讨产品设计要素与产品意象感觉之间的关系，一般思路是先界定用户情感需求空间和产品设计空间，然后从众多的语汇中，选出关于该产品的形容词，搭配实验样本，通过 Semantic Differential Method 询问消费者的感受，从而建立用户需求空间与产品设计元素的相互关系，但这样的评分方式，终究是消费者对于这个产品的感觉，而并非是对于这项产品的喜好程度，因此以这样的产品设计流程设计出的产品，对于提高消费者的满意度效果有限。研究消费者的满意度在产品开发初期是非常重要的，而影响满意度的关键即为消费者对产品品质的主观感受，因此找出影响消费者满意度的因素并且对众多的用户需求进行分类非常关键。

1984 年，日本著名的质量管理专家狩野纪昭（Noriaki Kano）受到赫茨伯格双因素理论的启发提出了 Kano 模型的概念，认为对质量认知要采用二维模型：由特性满足状况表征的客观表现和由客户满意度表征的主观感受，进而获取用户满意度与产品/服务绩效之间的非线性关系。如图 3-18 所示为 Kano 模型。

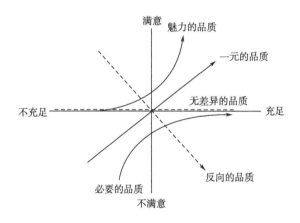

图 3-18　Kano 模型

Kano 模型根据用户对一些指标的反应，将指标进行归类，划分为基本需求层次、期望需求层次和兴奋需求层次。根据该理论，产品的兴奋需求层次的特征会让用户很满意，没有到达兴奋需求层次，也不会导致不满。兴奋需求层次的特征并非用户一般所期望的，而是用户未能表达出来的。它们有时能够给用户带来"惊喜"的情感层次。期望需求层次特征是指这类特征如果得到实现，用户就会满意；如果没有实现，就会造成不满意。在进行新产品开发的创新设计过程中使用 Kano 模型对消费者的需求进行研究，这是新产品开发的重要组成部分。

为了更好地区分消费者的需求分类，Matzler 等给出了修正的 Kano 模型需求分类评估表。Kano 模型为产品属性设计正反 2 个问题，通过分析顾客填写的 Kano 问卷表获得顾客对产品属性的需求分类。如表 3-5 所示，M 表示基本型需求，O 表示期望型需求，A 表示兴奋型需求，I 表示无关紧要需求，R 表示逆向需求，Q 表示问题需求，各项需求满意度的数值区间为 [0，1]。

表 3-5　Kano 模型

正向问题	反向问题				
	喜欢	理所当然	无所谓	可以忍受	不喜欢
喜欢	Q	A	A	A	O
理所当然	R	I	I	I	M
无所谓	R	I	I	I	M
可以忍受	R	I	I	I	M
不喜欢	R	R	R	R	Q

Kano 模型二维品质属性的归类方式，是由一组正向（充足或具备）与反向（不充足或不具备）的问题形式所组成，并由正反两个陈述问题的选项中，依据消费者的选项交叉对照而得，如图 3-19 所示。

图 3-19　Kano 模型的品质评价过程

用户对产品形态的情感需求同物质需求一样，本质上都属于人的需求。Kano 模型也可以应用到产品形态设计的情感领域。姚湘等根据 Kano 模型划分方法，将产品形态设计的情感需求层次依次划分为基本层、期望层和兴奋层。其中，设计情感的表征与传达方式是以意象语义形容词作为表征方式。设计情感层次与设计特征紧密关联，对产品形态设计而言，可以通过分析其形态设计特征与情感需求层次之间的关系，来判断是产品的哪些设计特征引起何种情感，引起的情感属于哪个层次。H. C. Yadav 等在研究论文中对汽车形态的美观属性进行了评估，在这个评估过程中让测试者对 Kano 双向调查表中关于影响汽车良好形态的十二个美观属性进行评估。在关于汽车形态的美观属性的调查结果中发现模糊 Kano 模型对顾客的需求把握更加准确，在处理顾客的情感方面通过引入模糊 Kano 模型将比传统的 Kano 模型更加客观公正，这有助于设计者识别这些汽车形态的美观属性，从而影响到消费者对于汽车形态的接受程度，并且也可以发展为引导设计者直接把努力用在提高这些有吸引力属性的地方，从而提高用户的满意度[31]。

过去几十年来，人们越来越多地考虑到产品设计中的人机工程学。如今，越来越多的公司将人机工程学应用到产品中，以满足客户的需求和新产品开发的满意度。顾客需求和满意度的测量可以通过各种方法来实现。在一项从人机工程学和用户需求两方面改进学校车间青年工作站的设计中，提出了将 Kano 模型与质量功能部署相结合的方法。研究发现，这两种方法都能够修改元素的优先级，以实现新的人体工程学设计的工作站。

(1) 人机工程学设计

为满足客户需求，大多数公司总是专注于开发和加强产品设计，在设计过程中不能满足所有用户的期望和人机工程学。产品开发的整个阶段通常由工程专家处理，缺乏人机工程学可能会导致不良的产品设计。人机工程学设计在处理产品、工作站和机械时考虑了用户的能力和局限性。人机工程学设计知识关注的是物体和环境与人的因素之间的关系，这些知识对于设计工程师在产品和布局设计的人机工程学参数方面做出关键决定非常重要。

在几项以人机工程学为导向的设计实施研究中，Park 展示了一种新设计的工作椅，可以减少在视频显示终端（VDT）工作站上的身体不适和累积创伤障碍（CTD）的风险。这种符合人机工程学设计的椅子配有键盘鼠标支持，因为它能够减少肌肉活动，所以更适合计算机工作；Liu 提出的基于头形的头盔设计，成功地提高了头盔的稳定性，减轻了头盔的重量。人机工程学方面更容易考虑头盔与人类头部建模的整合。借助 3D 人体头部测量方法，初步设计效率和舒适度均有所提高；Paschoarelli 提出了一个系统的评估程序来评估超声换能器的重新设计，定义了一个有组织的方法程序，记录和分析产品开发阶段的运动和感知，能够更有效产生产品改进的重要信息。

(2) Kano 模型和 QFD 应用评审

东京理工大学狩野纪昭教授是第一个通过偏好分类技术来识别用户需求和期望的人。Kano 模型能够确定用户需求并超越他们的期望。有三类需求以不同的方式影响用户满意度：

第一，肯定情况——用户期望的品质如果没有得到满足就会引起不满。

第二，单向维度——如果品质得到满足用户就会满意，如果品质得不到满足就不满意。

第三，有吸引力——超过用户的期望，若是没有，他们也会满意。

质量功能展开（Quality function deployment，QFD）是一种强大的产品开发工具，它能将客户的要求转化为工程设计，从而满足客户的需求。它也是在设计到生产计划的所有阶段节省时间和资源的最终工具。QFD 可以根据设计需求的重要值对设计需求进行排序，从而帮助评估设计需求特征对满足客户需求期望的影响值。然而，一些限制因素，如占用工作站的空间和成本，可能会改变设计结果，使一些需求特性不能得到满足。实际上，我们应该尽量提高用户满意度，并应用人机工程学和安全特性，以确保工作站的设计是可接受的。由于财务、人力等方面的限制，需要将 QFD 作为一种优化方法来充分利用现有资源。

① 卡诺问卷开发。通过直接的用户接触开发卡诺问卷，通过访谈来构建。各问卷参与者就目前的工作站发表了自己的看法。问卷中包含关于人机工程学考虑的相关评论和建议。

应用卡诺模型方法对 11 种工效学范围内的 4 个因素进行评价。表 3-6 显示了每种质量的分类和描述。

表 3-6　品质分类

因素	质量	描述
尺寸	工作面宽；工作台高度；凳子/椅子的高度	工作面由四到五个人同时共享；适合各种体型；适合在固定工作台高度下工作
设计	可调家具；临时存储；额外工具	建议在工作站实现；临时放置材料和工具的地方或容器；先进的工具，以便工作性能更好
舒适	腿的空间；背部空间	足够的腿部空间和适当的双脚休息；适合坐着工作的背部支撑
安全	工作站稳定；表面光滑；安全设计与应用	工作站在设计上必须坚固耐用；避免损坏物料；电线牢固，没有锋利的边缘，拥有额外的安全装置

② 卡诺问卷结果。采用统计产品与服务解决方案软件 SPSS（Statistical Product and Service Solutions）进行数据分析。所有的品质均被测量并分为四类：必须（M）、吸引（A）、一维（O）和无关（I）。无关类别定义为用户不关心质量是否存在。这种类型的质量不会影响用户满意度。保留这四个类别并将值分成两个条件：更好和更坏。

$$客户满意，CS（较好）= A + O / (A + O + M + I)$$
$$客户不满意，CD（较差）= O + M / (A + O + M + I)$$

基于上述方程，更容易确定所提供的质量是否会满足用户或防止用户不满意。计算 CS 和 CD 值可以反映提供的每个质量对顾客满意度的平均影响。

③ 质量屋的发展。QFD 方法被广泛用于确定新产品或改进产品的设计特征。QFD 中最重要的阶段是质量屋（HoQ）的发展。图 3-20 显示了要实施的质量屋的主要部分。

将使用 Kano 模型方法得到的结果整合到质量屋中。质量屋完成阶段是确定某一特性优先实施到产品中的关键阶段。根据之前的研究结果,通过访谈和 Kano 模型分析,获得用户期望。在这个程序下,提出工作站评估的两个步骤。这两个步骤都可以在学校车间的工作站中提供评估用户期望的准确结果。

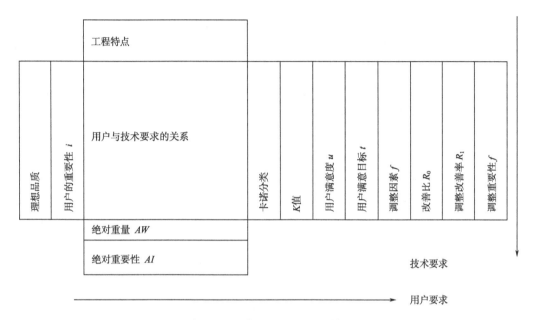

图 3-20　质量屋(HoQ)图解

此研究发现了以下结果。

a. 为了满足用户的需求,首先要达到设计标准,其次是舒适度的标准。设计标准一般遵循人机工程学的指导原则,这使得设计标准与舒适性有很大的关系。

b. 材料厚度和饰面做工与人机工程学和舒适度几乎没有显著的关系,在技术要求中不是很重要。

c. 对用户来说,安全的设计和应用是最重要的品质,其次是工作空间宽敞。

d. 可调节设备和临时存储在用户需求中可能不是那么重要。

人们发现,在开发新产品或改造产品时,人机工程学是影响工程特性的主要因素,因为现在的用户已经意识到安全和人机工程学的重要性。然而,可调节设备并不是很受用户青睐。他们可能没有充分了解到正确姿势的重要性,以及可调节设备产生的好处。美国埃默里大学 Gerr 的一项研究表明,使用可调节座椅的患者与使用不可调节座椅的患者在身体疼痛的方面没有显著差异。他们可能使用了不同的姿势,或者没有正确使用椅子。从用户满意度值来看,用户倾向于根据用户满意度目标值对所有质量的满意度进行评分,而对重要质量的评分则更多。

3.2.3.2　魅力因素,魅力工学

华东理工大学席乐在《结合魅力因素及其评价的产品形态设计研究与应用》中提到,

魅力因素，日文中为"魅力要素（Miryokuyouso）"或"魅力因素（Miryokuyinsi）"，英文译为"Attractiveness""Attractiveness Factor"或"Attractive Factor"，是指使某事物具备正向吸引力之因素，其概念由日本魅力工学研究学者所提出。魅力因素是产品体现魅力特征的载体，当产品具备魅力因素的时候可以大幅提升用户对于产品的满意度。由日本学者所创立开发的魅力工学（Miryoku Engineering）即是以魅力因素为核心的一种以消费者喜好为主的设计观念，使设计师与消费者之间有一个沟通介质，经由了解消费者若干选择产品的方式和产品设计之成功经验，便可以捕捉产品的魅力本质，进而创造出一个极具魅力的设计。

成熟的工业社会中，产业在面对消费者多元化需求的背景下，"创造避免产品开发失败的技术"以及"如何开发出独具魅力的产品"一直是产业界中重要的课题。随着消费意识的提高，新产品的开发已逐渐从生产导向转为以市场导向为主的观念，消费者对产品的要求不再只是基本的功能性，美观、舒适及个性化的需求，均成为现今消费者选购产品时的思考因素。

魅力因素作为产品中的吸引力因素，具备正向特性，即只有正向的吸引力因素才可以认为是具有"魅力"的，反之，当产品中存在一些丑陋的、负面的因素吸引了用户注意，这些因素则不具备"魅力"属性。魅力因素不仅具有正向吸引力特性，还会表现出魅力品质的高低，即具备显著魅力品质的产品要比其他产品更为吸引用户，因此，在魅力因素的评价中，魅力品质的显著性与否是一个重要的评价指标。

在1985年，日本学者宇治川正人（Masato Ujigawa）等创立了魅力工学研究会，用以开发具备吸引力的产品和系统，其中由赞井纯一郎（Junichiro Sanui）等学者提出了创新性的理性研究法"基于喜好的设计方法"（Preference-Based Design）——评价构造法（Evaluation Grid Method）。喜好是人的态度，而"魅力"则是产品或系统的一种属性。"Miryoku"是日语中的一个词，意思是"魅力"，所以"基于喜好的设计方法"也被称之为"Miryoku Engineering"（魅力工学）。

如何准确探知消费者的喜好需求成为产品开发的重要因素。魅力工学理论就是主要围绕产品魅力因素开展相关研究，通过用户访谈、量化分析等手段，细致、准确地探知产品魅力因素的品质特性，对于产品魅力因素的研究有助于设计师更好地了解用户喜好，帮助产品提升吸引力[33]。

华东理工大学吴义祥在《结合魅力因素构建与评价的产品形态设计过程研究》中指出，在挖掘魅力因素时：第一个步骤是从大量的图片素材中挖掘出有重要设计价值的魅力因素，进而转化成产品形态；第二个步骤是对图片的整理和精简，从而建立魅力意象看板。在这个步骤中需要收集到一系列与主题相关的意象图片，通过导入具有特定意象语义的图片来传达形态语言。

在解读与转化这一个阶段中，从魅力意象看板中提取的设计元素，经过解读与转化的模式，将可以发展为产品设计方案草图的形态特征元素进行提取，经过设计转化可以发展为产品的外围轮廓、产品形态特征线、具体的产品细节等。从魅力意象看板中的意象图片进行解读与转化的模式有以下三个步骤。

步骤一，观察魅力意象看板中的一些比较有特色部位的图片并进行语义解读。

步骤二，进一步观察图片中一些形态上较有特色的部位，尤其是一些线条上的特色可以很有效地帮助发现。

步骤三，同时考虑设计主题、设计基本型以及特殊线条等后，解读此线条的特性，经过简化、转换等手法，最后表现于基本形态设计中。

在导入魅力特征的强化与导向的过程中，是在解读意象主题看板向产品设计的基础上，通过魅力特征的强化与导向来加深风格意象在消费者内心的感受，经过这个导入过程，在进行形态设计收敛与强化阶段，设计师会在设计的过程中不断地参考所导入的魅力特征，来检验自己的设计是否符合设定的意象语义，因而产生聚焦收敛的功效，使得设计成果所展现的产品风格与意象主题之间的感觉一致。因此，产品的意象转化形态设计语言的模式比较适合设计师来运用，形态魅力特征的强化与导向能使经验不丰富的设计师对设计方向有较深入的观察与了解，进而达到聚焦收敛与特定意象语义的效果[31]。

华东理工大学程建新团队在《基于魅力因素的微型电动车造型设计》研究中采用 68 款微型车作为样本，确定 A、B 两组受访者（A 组由 17 名设计师和汽车爱好者的专家受访者组成，B 组有男女各 30 人，其中有汽车驾驶经验的 37 人，无汽车驾驶经验的 23 名，都为普通受访者），通过结合评价构造法与数量化 I 类实现魅力因素的分析和提取。

将设计分析的结果进行汇总，以"动感"关联的侧面形态作为动势设计风格，通过折线和外凸棱线来表现。以"科技感"和"酷"关联的 X 形前脸造型作为前部形态的整体风格，辅以修长型的大灯、导流型翼子板等造型风格。车顶采用拱形、悬浮和黑色 3 种风格相结合的设计。综合多种形态魅力因素进行车体草图概念创意（图 3-21）。确定概念草图设计方案后将草图导入犀牛软件进行数字模型构建，完成微型电动车造型设计（图 3-22）。

图 3-21　微型电动车概念草图（节选）

图 3-22　微型电动车造型设计方案

　　在研究中，由于微型电动车正处于推广、发展阶段，样本风格较为单一，虽然利用传统汽车进行部分替代，但受测样本的风格类型依然不足以覆盖更多的形态魅力因素发掘与提取。随着新款电动车的不断发布上市，以期能够在未来进一步丰富样本[34]。

　　在一项以抖音 APP 为例的基于 FAHP 的短视频用户体验魅力因素评价研究中，通过查阅短视频应用相关文献，采访专家，确定了情绪性、交互性和可用性三个主要方面，并确定了九个关键因素，构建了层次分析法（AHP）的层次结构（图 3-23）。在专家问卷调查的基础上，采用层次分析法确定各维度和因子权重。针对层次分析法的缺陷，引入模糊理论和模糊层次分析法（FAHP）来解决相关问题。最后，通过 MATLAB 2015a GUI 开发的 FAHP 软件，得出抖音用户体验中涉及的魅力因素模糊权重为：情感因素占 48.77%，交互因素占 31.23%，可用性因素占 20.00%。这项研究为短视频应用程序的设计和更新提供了一定的参考[35]。

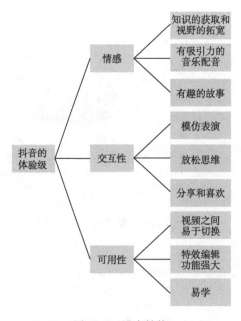

图 3-23　层次结构

3.2.4 人因相关的数据测量技术发展

人体测量学是一门用测量方法研究人体体格特征的科学。通过对人体各部位尺寸的测量，进而确定个体间和群体间在人体尺寸上的差别，从而研究人的形态特征，为工业设计和工程设计提供人体测量数据。

3.2.4.1 测量方法

(1) 普通测量法

人体测量的主要仪器有人体测高仪（见图 3-24）、人体测量用直角规（见图 3-25）、人体测量用弯角规（见图 3-26）、坐高仪、量足仪、角度计、医用磅秤等。

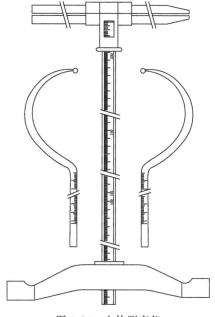

图 3-24　人体测高仪

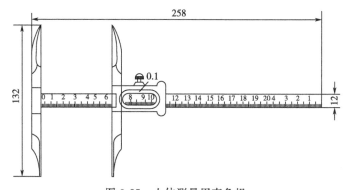

图 3-25　人体测量用直角规

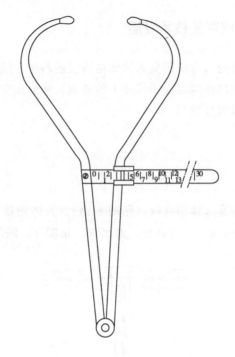

图 3-26　人体测量用弯角规

(2) 摄影测量法

摄影测量即通过摄影的方式完成相关测量，通过二维的相片点坐标得到对应目标的实际三维坐标，进而完成测量。如图 3-27 所示。

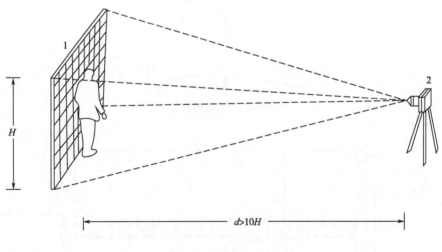

图 3-27　摄影测量法

(3) 3D 全身人体扫描系统

见图 3-28。

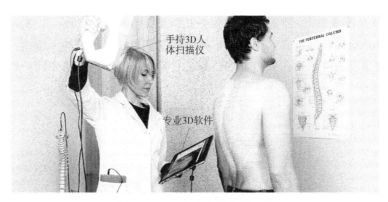

图 3-28　3D 全身人体扫描系统

3.2.4.2　人体测量的基本知识

国标 GB/T 5703—1999 规定了人机工程学中成人和青少年的人体测量术语,该标准规定,只有当被测者姿势、测量基准面、测量方向、测点等满足下列要求时,测量数据才有效。

(1) 测量姿势

① 直立姿势(简称立姿,见图 3-29)。被测者挺胸直立,头部以眼耳平面定位,眼睛平视前方,肩部放松,上肢自然下垂,手伸直,手掌朝向体侧,手指轻贴大腿侧面,膝部自然伸直,左、右足后跟并拢前端分开,使两足大致成 45°夹角,体重均匀分布于两足。为确保直立姿势能够正确,被测者足后跟、臀部和后背部应保证可以和同一铅垂面相接触。

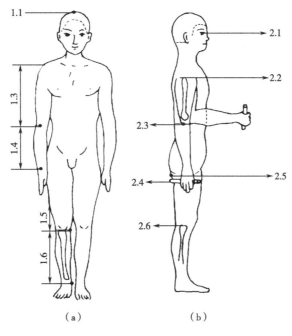

(a)　　　　　　(b)

图 3-29　立姿

② 坐姿（见图 3-30）。被测者挺胸坐在与腓骨头同高度的平面上，头部以眼耳平面定位，眼睛平视前方，左、右大腿平行，膝弯曲成直角，双足平放于地面，手轻放在大腿上。为确保坐姿能够正确，被测者的臀部、后背部应保证可以靠在同一铅垂面上。

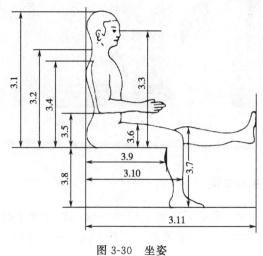

图 3-30　坐姿

图中数字表示测量尺寸的序号

(2) 测量基准面

人体基准面的定位由三个互相垂直的轴（铅垂轴、纵轴和横轴）来决定。人体测量中设定的轴线和基准面如图 3-31 所示。

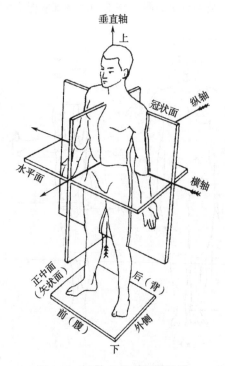

图 3-31　人体的基准面和轴线

3.2.4.3 关于测量的实际应用案例（中国高铁座椅）

要分析研究乘客在乘坐高铁时出现的舒适度问题，进行座椅靠背曲面优化设计，有必要进行实地调查，以获得乘客在高铁客车空间中以及乘坐过程中频繁出现的活动和姿势，以找到在高铁列车空间中乘客的代表性活动，在此基础上确定座椅相关的设计尺寸和人体参数范围。在这里，工作抽样技术被用来收集乘客在乘坐现有的国内高铁客车旅行时所做的活动的相对频率。

长途旅行乘客的客运活动大致可分为七大类：休息、睡觉、听音乐、看书或杂志、与他们的同伴聊天、吃饭以及工作。而这些活动根据其姿势可再次分为三组：端正坐姿、放松姿势和半躺姿势。如图 3-32。例如做工作或吃饭属于需要最小空间的端正坐姿。阅读和说话是放松姿势的一些例子，它需要比端正坐姿更多的空间。睡觉、休息和听音乐属于半躺姿势，与其他两个姿势相比需要最大的空间。在客车的最初行驶的 100 分钟内这三组活动出现的相对频率分别是：放松姿势为 64％，半躺姿势为 32％，而端正坐姿仅 4％。

图 3-32 乘客坐姿分析

数据表明，大多数乘客在乘坐期间进行的是睡觉、休息、阅读和听歌等这些相对静态的活动，而不是动态的活动，例如吃饭和做工作。因此，此次座椅的优化设计应该主要集中在增加这些静态活动的舒适性的方式上。

合理的腰靠设置应该能让乘客的腰椎处于自然均衡的放松状态，使得背部肌肉放松不紧张。根据上文对于现有高铁座椅存在的问题分析可以知道，腰靠处的设计不合理情况主要为，曲面形态不能很好地维持腰椎骨和脊柱的正确生理弯曲，容易让乘客产生疲劳感。根据对影响座椅舒适性因素的分析可知，最优的支承位置应该位于乘坐者自身的第 4～5 根腰椎骨的高度位置，所以腰靠的支承量以及最佳支承位置因人而异，所有优化方案中的座椅靠背应该增加可调节装置设计，来适配身材不一样的旅客达到舒适度最大化，下文会列举出一些已经存在的腰靠设计，可以从它们中吸取经验来优化设计方案。

图 3-33 为一款美国专利的座椅，编号为 US5114209，它的主要材料为弹性泡沫，调节原理为根据人椅接触压力值来调节乘客的腰背部曲线和臀部曲线，由于缺少固定结构，若直接摆放易于发生位移，不太适合运用于高铁动车的环境中。

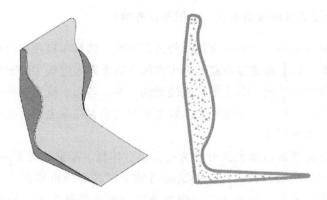

图 3-33　弹性泡沫腰靠结构图

图 3-34 为一款美国腰靠结构设计，专利编号是 US5860699，它主要通过气囊调节。气囊分为两个部分，一个是大的在靠背中部的气囊，主要起到支撑腰部的作用，另外为上下两个小的气囊与之配合调节整体曲线。调节原理在于通过充放气来改变靠背曲线，缺点是支撑力度不够，易于发生形变，而且时间长了会发生漏气的情况，也不太适合用于高速列车等人很多且易发生意外撞击的场所。

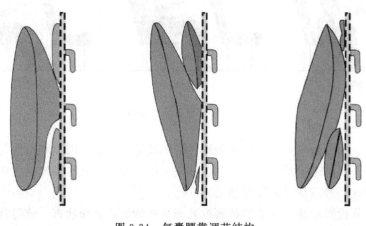

图 3-34　气囊腰靠调节结构

图 3-35 为靠背腰部调节优化设计方案，主要是由三部分构成，包括弹性板、伸缩结构以及滑轨，弹性板的两头使用伸缩杆来连接控制其凸出量大小，乘客可以通过压力改变弹性板的形状，使其符合腰曲，给予自身腰部更好的支撑。在背部装配滑轨装置，基于乘客自身身材调节支撑位置和支撑量，以维持乘客的自然均衡脊柱形态。

弹性板选材为 PVC 板，其具备一定的弹性且耐用，用以支持人体背部结构。把其下端稳定装配在座椅靠背结构的背板处，上端用一根伸缩杆连接，利用导线的长度调整拉动弹性板进行弧度调整（图 3-36）。通过调节导线长度的方式来移动弹性板，调节靠背弧度大小和位置，也可以运用乘客自身压力来进行曲线的细微调节。这个优化方案较为方便耐用，也方便后期维护管理。

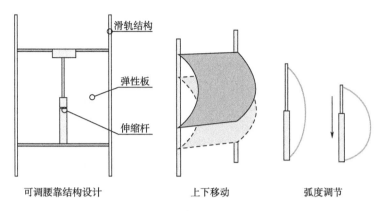

可调腰靠结构设计　　　　上下移动　　　　弧度调节

图 3-35　可调节腰靠优化结构设计

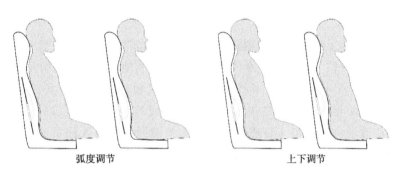

弧度调节　　　　　　　　上下调节

图 3-36　腰靠结构调节

　　弹性板两边的上下端部位置被固定于靠背的骨架处,能在轨道装置上发生上下滑动,将伸缩杆控制的导线各自固定于靠垫的上下两端,可通过收放导线的方式使靠垫在轨道发生相对移动,来调节上下位置高度(图 3-36),针对不同身材体型的乘客都可以调整出最适合自己的支撑效果[36]。

3.3　装备产品的设计行为学

3.3.1　产品的亲社会趋势

　　亲社会行为是一个积极的社会行为,人们帮助素昧平生的陌生人、做慈善、关心朋友和家人。亲社会行为的研究在过去的几十年里得到了显著的关注(见图 3-37)。从某种意义上说,亲社会行为的研究现状就像一片野花田:一方面,它在形式和表达上具有多样性;另一方面,这个领域是混乱的,没有约束。事实上,亲社会行为领域在目前的状态下存在着概念上的模糊性。早在 1984 年,多维迪奥就指出:"尽管大量的研究都集中在亲社会、帮助和利他行为上,但关于这些术语应该如何定义或如何区分的问题,几乎没有共识。"近 40 年来,关于如何定义亲社会行为,以及与之密切相关的利他主义概念,仍然存在分歧和困惑。

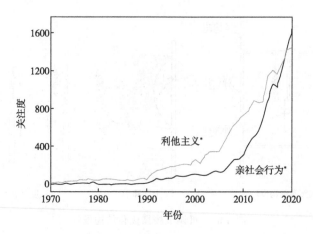

图 3-37　亲社会行为的关注度

在这一领域，除了概念上的模糊性之外，研究人员常忽略掉为文章中使用的关键术语提供定义。我们评估了在所有文章中亲社会行为和利他主义定义的引用程度，包括标题、摘要中的术语——亲社会（亲社会行为等）或利他（利他主义、利他行为等）。2010 年 1 月—2021 年 5 月发表在《人格与社会心理学杂志》《实验社会心理学杂志》《人格与社会心理学公报》和《心理科学》上的关键词中，引人注目的是，273 篇文章中只有 70 篇，即 25.6％包含了相关定义。换句话说，被识别的文章中只有大约四分之一定义了它们的中心概念。

你是否曾经因电脑在数据分析过程中产生了另一个错误信息而气愤，因为妨碍机器人的发展内疚，尽管已经知道机器人没有感情。人类与机器人进行社交互动，甚至会表现出亲社会行为。亲社会行为被定义为"任何类型的自愿行为，旨在帮助他人，但不保证对帮助者有回报"。

20 世纪 90 年代进行了一项实验，为"计算机是社会行动者框架（简称'CASA'）"奠定了基础。其遵循一个简单的公式：从社会心理学中选取一个实验，将关键人物（即那些常由研究合作者扮演的人）用电脑替换，然后运行实验，观察测试原始结果是否在替换后仍然相同。列举一个典型的例子，参与者首先使用电脑进行网络搜索，得到了有用的结果。其中一半参与者被转移到另一台电脑。然后，参与者完成第二个任务，他们可以花一些时间"帮助"电脑生成调色板。坐在原来电脑前的参与者比在第二个任务前被转移到另一台电脑上的参与者花更多的时间去"帮助"他们的电脑，同样，人们也从电脑那里得到了帮助。

如何解释这种对机器的社会行为呢？对机器的社会行为描述为一种无意识的社会行为，并且假设一些线索激活了社会指令（即对特定社会环境中事件顺序的预期）和自动的社会行为。一旦指令被激活，对更多可能揭示社交行为不合适或不适用的线索的搜索就会终止。因此，尽管存在明显的非社会条件，自动的社会反应还是会发生。简而言之，"计算机是社会行动者框架"认为社会对机器的反应是自动的和有提示的。

多种定义强调了亲社会行为的意图性。例如，根据"亲社会行为是旨在使一个或多个人受益而不是自己受益的一种广泛的行为"这一概念，为他人创造福利的意图就可以被认为是亲社会的。这一概念强调了基于意图和互惠的结果来定义亲社会行为之间的决定性区别。例如，私下为他人的健康祈祷包含了促进他人福利的意图，因此从意图主义的角度来看，它会被认为是亲社会的，尽管它可能不会增加他人的福利。同样，出于善意而采取的行动（如"直升机式教育"）尽管会产生意想不到的不良后果，但据意图主义的观点，这也会被认为是亲社会的。本质上，所有行为者认为是亲社会的行为，无论是有意识还是无意识的都被认为是亲社会的，而不考虑实际的后果。

全球化和快速的技术创新，从根本上改变了追求创造价值的产业战略。公司已经从以产品为中心的思维转向了不断增加的服务供应，即考虑到亲社会行为。"服务化"过程的结果通常被称为"产品服务系统"（PSS）。大型的成熟产品制造商转向产品服务系统，需要重新考虑复杂产品的设计和开发方式，因为在开发的早期阶段需创建强有力的设计解决方案，包括产品操作系统的彻底变革和全新的技术创新。在工程机械和采矿等传统行业，新技术和工业 4.0 能力的出现使量身定制和更高效的解决方案的提供成为可能。然而，向产品服务系统过渡所需的知识集中还取决于产生创新和与利益相关者有效沟通的能力。在产品服务系统的概念设计阶段，认知、社会和技术方面的挑战比比皆是，探索如何在一个由已建立的产品开发和系统工程实践主导的复杂工业环境中支持创新系统解决方案的创建至关重要。

3.3.2 装备类产品的设计决策

在产品设计的最初阶段，确定哪些产品概念是可行的、值得深入的研究是一件很有挑战性的事情。特别是随着概念生成等技术的出现，可以生成大量候选对象，在选择最有希望的候选对象时通常会做出许多假设。虽然可以在不同情况下模拟及估计性能属性，但很难平衡许多理想和不理想的性能属性值。

设计一个新产品是一个迭代的过程，在每一次迭代中，概念将被进一步细化。这样，设计过程的成本就降低了。在设计过程中，概念通过具有更强的性能属性或更好的几何属性而被提升到更高的阶段。性能属性（例如成本、强度以及是否易于制造）可以在各种条件下进行模拟及估计。然后进行排名评估，决定优胜者。

然而，当概念数量非常多时，手动构建排名的成本太高，因此这个过程是自动化的。这种情况下，概念在排名中的位置通常是由性能属性的加权和决定的。然而，即使在分数能够充分接近真实排名的情况下，也没有系统的方法为属性分配最合适的权重，因此设计师经常不确定建立的排名是否适当。通常情况下设计师也会有一些斟酌，例如关于几何形状的问题，并不能在这些权重中体现出来。因此，如何用机器学习模型捕捉设计师的偏好，以提高推广概念的质量存在一些问题。

为了快速响应市场上的小批量定制需求，大型复杂产品如飞机、火箭的制造商已经转变了他们的产品开发模式。传统的模块化外包逐渐向供应链协同发展转变；这样，厂商就可以把优势资源集中在核心技术的突破上。已经证明，客户可以提供对新产品的要求，供应商可以提供修改的想法和建议，这是新产品开发的关键因素。质量设计是大型复杂产品开发的重要组成部分,协同质量设计,兼顾客户需求和生产的可操作性,形成合理可行的设计方案,进而克服复杂结构和技术障碍造成的设计限制。

然而,协同质量设计并非没有障碍。该过程涉及来自多个供应链层次的多个主体。因此,如何统一设计目标,系统协调多主体的设计行为,形成最优的质量解决方案,是制造企业面临的挑战。充分发掘客户需求,在各种质量方案中选择最满意的解决方案,是大型复杂产品质量协同设计的关键问题。一般而言,供应链协同质量设计的难点如下。

① 复杂的结构和多主体参与使得协同设计过程极为复杂和难以控制。没有一个系统的框架,就不可能有秩序地执行。

② 多主体参与的协同质量设计往往会带来设计冲突,导致质量方案偏离客户需求。然而为保证设计的一致性,供应链上下游代理之间的设计冲突很难缓解。

③ 多目标条件下,在信息不确定、数据相差的众多方案中,难以确定最优质量方案。

针对上述协同质量设计问题,结合模糊质量功能展开(QFD)和灰色决策,提出了一种面向大型复杂产品供应链的协同质量设计框架。将复杂的设计任务从总体质量设计分解到详细设计,系统地简化了供应链。首先,在整体质量设计阶段,组建联合整体设计团队,确定质量要求和核心质量参数,收集质量方案。该方法将模糊质量功能扩展到多目标评价,可以得到更全面的评价结果。采用了加权属性灰色决策方法,可以在信息不确定、数据有差别的情况下,识别出多个目标之下质量最优的总体方案。然后基于最优质量总体方案,建立大型复杂产品质量详细设计的层次结构框架。在这种情况下,利用模糊质量功能展开分析平台的层次部署功能,逐步进行质量详细设计,实现总体设计方案。最后,整个设计团队将所有方案整合成一个总体质量方案,并与客户进行讨论,以确保客户满意。

越来越多的学者强调,客户和供应商的参与是产品成功开发的关键因素,因为客户可以提供对新产品的要求,供应商可以提出修改建议。例如在研究中建立多学科项目团队,最大限度在新产品开发中使用使能技术;研究不同供应商和制造商关系对工作量和研发系统均衡性的影响;从社会交换理论的角度,试图提高新产品开发过程模糊前端的供应商参与程度。而且部分研究人员认为,积极和早期的供应商参与计划有利于新产品开发绩效。现有的产品协同开发研究大多关注供应商和客户的参与。然而,针对大型复杂产品协同质量设计的分析研究却很少。此外,很少有明确的过程和方法来指导客户和供应商如何有序地参与大型复杂产品的质量设计过程。

对于大型复杂产品协同设计质量,首先提出一个框架研究流程图解释的方法(见图3-38)。尽管系统结构非常复杂,有一些核心质量参数,影响大型复杂产品的质量、成本、风险等。核心参数的选择是质量设计成功的关键。因此,我们将质量设计分为总体设计和详细设计。

具体来说,第一阶段是建立质量总体设计的模糊质量功能展开分析平台,在充分分析客户需求的基础上,选择核心质量参数,收集质量方案。第二阶段是对多目标下的各种质量方案进行评价,建立加权多属性灰色目标决策模型,在备选方案中选择质量最优

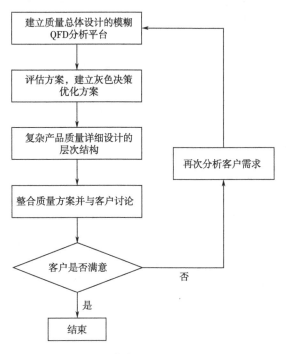

图 3-38　框架研究流程图解释

的整体方案。在第三阶段，我们将总体设计中的核心质量参数最优方案（HOWs）转化为供应商详细设计的核心质量参数最优方案，同样运用灰色决策方法来确定最优的详细设计方案。一层一层扩展质量设计，可以简化烦琐的任务，保证供应链中设计目标的一致性。最后阶段是将各层次的质量方案汇总到联合整体设计团队。团队与客户协商，确认客户对方案是否满意。如果客户对解决方案满意，协作设计就结束了。如果不满意，应该重新分析客户的需求，并重新进入阶段一，直到客户满意为止。

联合设计团队应考虑客户的需求和市场上同类产品的特点，首先制定决策目标。目标包括但不限于市场竞争力、质量竞争力、成本水平、进度能力和发展风险等。

考虑到不同决策目标的不同属性，我们将其分为三种类型，即利益型目标、成本型目标和中等价值目标。对于利益型目标，我们追求更大的效果值，可以带来更多的利益。对于成本型目标，我们追求较低的效果值，可以带来更多的效益。对于中等价值目标，我们追求接近特定价值的效果值。由于不同的客观效应值具有不同的含义、维度和性质，因此需要为每个目标设定一个阈值效应值，以获得可比性，然后衡量情境的综合效应。然后将效应值转换为均匀效应测度，将观测到的效应矩阵转换为均匀效应测度矩阵。

设计师设计方案的生成是设计者经验和思想的结果和表达，是解决问题的桥梁。设计决策发生在每个设计节点和迭代中，产品进入市场的成功或失败会受到专家决策偏差和个人偏好的影响。即使在决策团队中，其他决策者也会受到决策者最高权力的影响，甚至做出违背个人意愿的选择。这意味着设计决策本身是一种主观但又折中的结果，即使选择的方案并不是他们真正想要选择的，只是为适应群体的决策趋势。在动态市场中，设计过程中的设计决策活动对设计输出和公司经营策略有着巨大的影响。专家的设计决策结果在一定程度上是妥协的产物，而不是专家的真正意图，这是摆在设计师和设计研究者面前一个明显但又容易被忽视的设计问题。理解如何解决问题以及提高生产力的目标至关重要，理解人们操作资源的方式是通向一个更有生产力的社会的主要道路。在决策者系统中，决策者利用以及创造信息来开发产品。从组织结构来看，系统就像一个存在产品开发过程的组织，决策者就像一个制造系统。

设计方案的决策过程在设计领域仍然是一个黑盒子。在传统的设计实践中，设计决策通常被认为是一个迭代优化的过程，它表现了设计专家对设计方案的积极、中立以及消极的态度。即在决策者的设计知识和经验下，迭代节点中的设计决策行为采用多目标准则提出一个满意的解决方案，然而，并没有理论保证收敛过程以及产生一个最优解，因为主观偏好、个人倾向和妥协在进行决策。研究显示，有许多设计决策的建模和量化方法无论是在设计实践还是在设计研究中，主要的设计决策方法仍然是专家打分法。无论是采用单目标评分还是多目标评分，改变的只是专家评分的形式，如专家支持系统、专家云系统或基于 web 的专家系统等。因此，在不同的设计迭代节点中改进和量化设计决策是一种高回报的战略性实践，应予以鼓励。

一个设计决策实验（见图 3-39）中，在眼动跟踪数据收集脑电图信号的同时，当参与者看监视器上的四个设计方案时，脑电图和眼动数据由可穿戴生理检测系统（Ergo-Lab）同步收集。实验结束后，需要被试者对四个方案进行排序，做出设计决策。此实验从生理学的角度探讨了设计决策行为，结果表明眼动与脑电的融合可以较好地提高设计决策分类的性能。这意味着决策者的设计决策结果是可以根据生理反应来预测的。这个研究揭示了眼动和脑电的特征与设计决策是互补的。眼动和脑电特征的模态融合比单一模态数据能显著提高设计决策性能。最大融合策略的准确率最高，为 92.45%，眼动

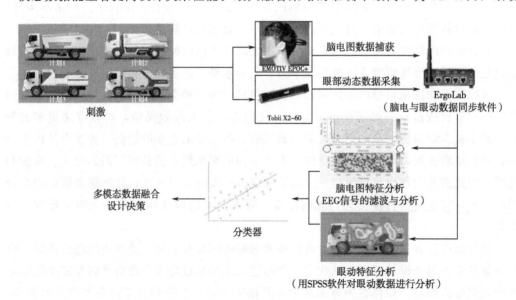

图 3-39　设计决策实验处理的框架

融合和脑电融合的准确率分别为 80.42% 和 75.23%，将眼球运动与脑电图相结合的优势体现在其良好的准确性上。这些结果表明，从眼球运动和脑电图反应中提取的特征，可以为设计决策行为创建分类器。

随着产品市场的发展，产品多样性不断提高，客户需求也在不断变化。在当今激烈而充满活力的市场竞争中，首先要确保公司具有竞争优势；为了提高 CR 满意度，必须开发新产品以满足消费者的动态需求。客户需求涉及产品功能需求、技术特性需求、情感需求等多方面。随着市场的发展和成熟，满足消费者情感需求的产品吸引了更多的顾客。因此，产品情感设计的质量和程度是影响消费者消费和购买决策的最重要因素之一。情感设计可以引起顾客的心理共鸣，基于顾客的情感可以提高顾客满意度。具有优秀情感设计的产品可以在很大程度上影响消费者的购买行为和选择倾向，从而确保消费者的忠诚度和黏性。因此，公司在计划推出新产品时，必须关注顾客的情感需求，尤其是产品的外观，因为客户对新产品的了解从产品的外观开始，满足顾客情感和心理共鸣的外观特征是影响顾客购买决策的关键。因此，对于企业来说，努力使产品的外观满足顾客的情感需求是非常重要的。然而，产品外观设计如何满足顾客情感需求的决策主要有以下两个难点：首先，即使是一个简单的产品也已经拥有很多外观特征，但并不是所有的外观特征都是影响消费者情感感知的关键因素。因此，如何识别影响消费者情感需求的关键特征是一个难点。其次，产品通常由一些部件组成，但形态矩阵法没有考虑产品的详细成分。所以说，如何识别每个细节组件的特征也是一个难点。

以往关于产品创新的研究主要集中在通过优化产品的技术特征或发明具有不同技术特征的新配置来提高客户满意度，大量的研究集中在通过调整参数值来提高客户满意度，并试图获得产品配置的最优参数组。然而，直到感性工学被提出并应用于各个行业，包括汽车、电器、建筑和服装，考虑人类情感并将其应用于客户满意度建模的研究才开始出现。从那时起，越来越多的研究者开始关注产品的情感设计。对产品情感设计的研究主要涉及外观与情感、功能与情感、文化与情感三个方面。

学者们对产品外观设计与消费者情感之间的关系进行了广泛的研究。例如，利用感性工学和神经网络分析数据，了解到产品制造商需要提供什么样的颜色和形状来吸引用户的研究；针对用户与设计师在产品造型感知上的异同，建立用户与设计师之间的感知图像匹配模型的研究。

与产品外观设计相比，从实证角度对产品功能和消费者情感的研究较少，譬如对情绪如何影响工程车辆摇臂的设计及其影响的程度的研究。虽然有一些研究通过知识工程（KE）从整体的角度来综合考虑产品的外观和功能，但大多数研究仍侧重于外观设计。产品外观设计对产品设计的成败起着至关重要的作用。它是设计师和用户交流信息、激发他们反应的重要方式。当然，顾客情感与产品功能也是密不可分的。与外观设计相比，产品实用功能带来的情感反应更加持久。因此，外观设计和功能设计具有交互性，是产品设计的重要因素。满足顾客情感需求的外观设计还应考虑功能特点，比如对产品的情感特征和技术特征的研究等。但是，大多数的研究都是将产品特征的类型进行分离和组合，而没有考虑情感和技术特征之间的内在关系。另外，传统的基于知识工程的客户满意度建模方法没有考虑多准则，这为进一步优化创造了空间。

新产品的成功在很大程度上取决于顾客对该产品的满意程度。创造和维持客户的满意度最终可以帮助制造企业增加利润和股东价值。以笔记本电脑的设计作为案例研究来说明，并进行了模糊回归、模糊推理系统（ANFIS）和遗传算法的对比实验，评估了该方法的有效性。类似地，把粗糙集和基于粒子群优化算法（PSO）的模糊推理系统方法结合起来，建立了关于情感产品设计的客户满意度模型，并通过一个手机案例研究说明了该方法的有效性。

为了在竞争日益激烈和透明的市场中保持和提高盈利水平，企业必须不断地重新定位和重新设计现有产品，或将新产品引入特定的细分市场。对于管理者来说，产品定位和设计的决策是满足不同客户需求和实现公司目标的关键。公司必须建立自己的市场，然后对这个市场进行细分，以满足特定细分市场和特定产品的需求。因此，商业组织通过收集消费者和竞争对手的数据来持续监控他们的目标细分市场。这些数据构成了市场细分、产品定位和设计的基础。对这些数据进行有效的访问和信息提取，并预测未来的趋势，这一任务极为迫切。

自20世纪60年代初以来，市场细分被广泛认为是一个关键的营销概念，大量的营销研究文献都在关注这个主题。人们提出了各种数据挖掘算法（DM）来实现自动化，或者至少支持市场细分和产品设计。数据挖掘算法可用于提取静态数据模式和发现动态趋势，这些趋势反映了客户兴趣的转变、技术的发展以及对营销策略的反应。管理决策受到市场数据的可用性和使用的影响。然而，许多公司缺乏数据和专业知识来获取有用的信息来帮助他们做出明智的决定和采取行动。因此，让决策者直接获得市场数据对公司的成功至关重要。这种访问必须尽可能地无障碍，以确保可用性，并且对于针对特定市场细分和产品提供的管理决策产生积极的影响。然而，战略营销的目标不仅仅是选择理想的细分市场，它还必须建立并保持相对于竞争对手的持续优势。为了实现这一目标，必须在设计与发展的同时处理关于每个细分市场的需求和随后的产品定位策略的信息。成功实现这一并行策略的关键因素之一是将数据挖掘算法技术与高级决策工具相结合。

产品定位的目的是确定一个公司应该在特定的细分市场提供给客户的产品的属性。产品设计是建立产品的物理特性。产品定位和产品设计都是非平稳的过程，它们会随着时间的推移而变化，并以复杂的方式相互影响。因此，决策者必须同时考虑服务哪些细分市场，挑战哪些竞争对手，以及选择的产品特征。数据挖掘算法技术基于现有数据，帮助我们识别市场细分，但这些技术为产品定位和设计领域的决策问题提供支持的可能性很小。设计意图和营销策略的知识发现应该被建模，这样它们就可以在整个产品开发过程中被保留。这需要清晰的建模技术，包括高级决策制定工具和用于早期设计阶段决策制定的工具。

3.3.3 装备类产品的特点

我国作为"世界制造中心"的地位逐渐稳固，装备制造业正逐渐成为我国国民经济发展的战略性产业。设备产品直接用于制造业，用于设备制造，即所谓的"机床"。在全球经济危机的影响下，推动装备制造业等基础产业的发展，将会更加刺激国内市场需求，并且提高基础产业在国际上的竞争力。在装备制造业未来的市场中，品牌竞争和技术竞争并存。综上所述，如何在激烈的市场竞争中提升设备产品的独特"身份"是重中之重。

产品标识系统（PIS）属于设计管理系统的范畴。它作为一种系统设计策略，可以帮助企业在较短的时间内以一种实用有效的方式迅速占领市场，具有为目标企业用户推广产品的身份和认知的价值。目前，对产品标识系统的研究大多集中在公共消费产品及相关领域，而对装备产品标识系统的研究相对较少。装备企业品牌的形成在很大程度上依赖于产品族的良好识别性和系统性。虽然我国设备企业工业设计的落后有利于设备产品的加工能力，但其外观的陈旧过时，无疑严重阻碍了国产设备企业的品牌建设。虽然国内大多数设备企业对企业标识系统（CIS）相当熟悉，但真正重视并实施产品标识战略的企业却很少。

在国际领域，德国、西班牙、意大利的设备产品代表了全球最先进的设计标准，其产品标识体系规划相当完整和严格，目标用户可以很好地识别企业的"产品族"。首先，设备设计和发动机机体整体设计在线条轮廓上较为规整简洁，设计承载了公司设备产品独特的"DNA基因"；其次所有设备的灰色配色质朴大方，具有精准感和工艺感，便于用户识别。

与公共消费产品相比，设备产品具有明显的特点，具有独特性。从行业特点来看，设备产品与消费类产品相比具有较高的专业度，目标用户是相当明确的企业用户。一般根据企业用户的个别要求进行设计和生产。由于设备产品的价格比较高，一般的营销模式都是采用单件采购的方式，不同于消费型产品；从产品特点来看，设备产品的容量虽然很大，但加工精度要求很高。在用户操作过程中，既要考虑人体工程学，又要考虑操作的安全性，还要考虑产品的可用性。

产品标识系统战略的目标是在企业整体发展目标的指导下，通过"以用户为中心的设计（UCD）"的方法，融入企业所有系列产品的核心价值观。它是一种有效、灵活的设计管理策略。以用户为中心的方法在所有设备产品的产品标识系统研发过程中，强调目标用户的经验和需求。以用户为中心的设计不仅关注目标用户及其"复杂性和不确定性"，而且还注重设备产品用户的"认知能力"和"操作模式"。设计师不仅要满足目标用户对产品功能的要求，还要保证目标用户安全、方便、愉快地使用。目标用户的认知程度和满意度一直是产品标识系统规划的目标。通过实施以用户为中心的设计原则，对设备产品进行系统设计，建立不同于竞争对手的独特产品设计风格，使产品具有更多的亲和力和市场竞争力，以及成功的品牌经营。

从系统设计层面对设备产品设计进行总体规划，在以产品为中心的设计策略的基础上制定科学的产品标识系统策略设计流程，避免设计策略实施分散、孤立。常规设备产品识别战略实施流程包括"前期研究分析""设计规划阶段""产品标识（PI）规范制定阶段""产品标识实施阶段""设计评价分析阶段"五个阶段（见图3-40）。

装备制造业产品标识系统策略以"以用户为中心的设计"为设计准则，建立了六类识别系统策略，即模型特征识别系统、颜色特征识别系统、表面喷漆标识系统、材料工

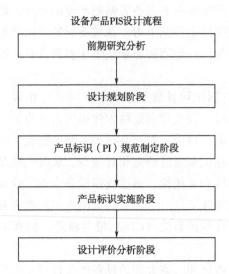

图 3-40 设备产品的产品标识系统设计流程

艺标识系统、用户界面标识系统和包装展览标识系统，最终建立产品族规范系统（见图3-41）。产品标识系统通过最终汇总整理，形成《设备产品标识系统规范手册》，该手册总结了产品标识系统成套策略系统，并在系统化的基础上分册整理。其具有规范化以及标准化，随时方便目标用户使用和参考，对设备产品设计、研发的全生命周期流程进行标准化监督。同时，在规范的基础上，通过产品标识系统手册将工业设计战略贯彻到设备公司各部门，实现工业设计管理、工程设计管理与企业发展决策的紧密结合。逐步实施新产品设计开发，推动产品在工业设计方面的全方位协调与改进，最终推动产品标识系统设计战略与企业管理理念的完美融合。产品标识系统设计战略是一种长期系统的工作，是成熟装备企业所必需的能力。

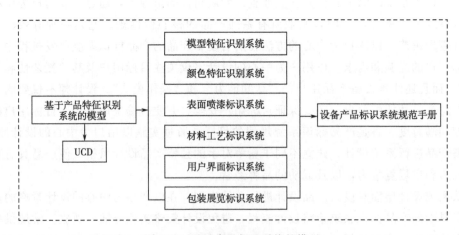

图 3-41 基于产品标识系统的模型

在武汉重型机床集团公司（以下简称武汉重型）与华中科技大学数字装备工业设计实验室联合开发的"装备产品标识系统战略设计项目"的研究中，通过对欧洲、美国、日本、韩国、中国12家知名企业设备产品的调研分析，整理机床产品292个样本，对50个目标用户进行问卷调查和深度访谈，进行科学的图像尺度散点图分析（见图3-42），得到以下结论。

图 3-42 感性工学图像尺度

欧、美、日、韩等的机床产品的设计具有很强的统一性，各品牌的产品风格具有鲜明的特色和强烈的认同感。简洁优雅的设计风格与企业文化完美融合。国产机床产品的设计在系统层面上缺乏整体规划和统一性，各品牌风格之间差异化不够明显。虽然国内的产品在国际的市场上还没有很强的竞争力，但其发展潜力很大。因此，产品标识系统设计策略的实施效果是十分明显的。从武汉重型现有生产线的角度来看，只注重功能而缺乏产品标识，导致无法与其他同类产品区别开来。

通过在系统理论高度实施的设计管理策略，武汉重型从"产品家族"的角度对各类产品进行精准规划，"武汉重型DNA"产品文化逐渐形成延续。武汉重型所有系列产品设计规划时应充分考虑线条轮廓雕塑、细节处理、装饰丝带、彩绘等产品模型设计元素的统一处理，使用户在同类产品中凭借外观和型号即可识别武汉重型机床，无需标识识别。

以系统分析为项目立足点，利用武汉重型产品定位与竞品定位的差异，通过对装备产品"标识识别系统"的系统安排，形成系统化的产品标识设计策略。长期有效实施PIS设计策略，有利于形成独特的产品形象，建立目标用户对机床品牌的信任和忠诚。

为了规范武汉重型产品的车型特征，以"端庄、稳重、简洁"作为产品整体车型特征规划的关键词（见图3-43）。以机床罩为最大特征，其他部件的协调统一设计可以达到良好的标识性和独特性。在造型方面，注重力度感，没有纯几何图形的机械冷峻感，突出各部分的比例和清晰有力的线条转弯；在色彩方面，采用灰色系列为主色，用活泼的橙色作为装饰和辅助色。调整后武汉重型独特的色带、产品型号等重要的视觉元素被运用到所有系列产品中。

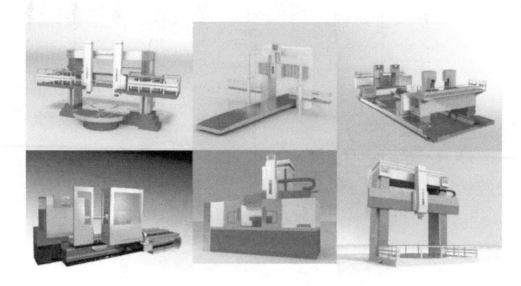

图 3-43　实施产品标识制度

创建关于产品标识设计的评价体系有利于科学地评价产品的设计，规范产品设计过程，指引产品设计方向，使产品设计具有理论依据。通过规范产品设计开发和生产管理，在评价产品形象时，减少甚至避免评价因素的不确定、评价模糊和定义不明确等问题的出现。[37]。

3.4　装备产品的虚拟设计及应用

3.4.1　虚拟现实的技术发展

经过军事、商业和学术界的长期研发后，虚拟现实技术已经进入民用领域。虚拟现实的构想在 20 世纪 50 年代中叶就被人提出了，但到 20 世纪 80 年代后期，它才被人们关注。

在以真空电子管为基础的电子技术阶段，来自美国的摄影师摩登·海里戈（Morton Heilig）就已经做到了利用电影技术，通过"拱廊体验"，让观众们体验了一次美国曼哈顿的想象之旅。但由于那个时期还没有对应的技术支持，没有适合的发展载体，缺少硬件处理设备等限制，虚拟现实技术没能取得很大的发展。到了 20 世纪 80 年代后期，借力于计算机技术和互联网技术，虚拟现实技术才被大量使用，如图 3-44。

虚拟现实技术的发展阶段可以概括为三个：20 世纪 70 年代前，是探索阶段；20 世纪 80 年代初到 80 年代中期，是系统化、从理论到实践的阶段；20 世纪 80 年代末至今，是迅猛发展阶段。

图 3-44 虚拟现实技术应用

3.4.1.1 虚拟现实技术的探索阶段

1929 年，美国的艾德温·林克（Edwin Link）发明出了简易机械飞行模拟器（见图 3-45），乘客可以感受到坐在真实飞机上般的体验，训练者可以使用模拟器练习飞行操作，在室内便可训练飞行员。

图 3-45 设计者与模拟器

1956 年，灵感来源于全息电影，摩登·海里戈发明了一套空间多通道体验显示系统（Sensorama）（见图 3-46）。这套三维显示装置只供一人观看，有多感官体验，使模拟电子技术应用在了娱乐方面。该发明可以模拟出汽车行驶在曼哈顿街区的情景，具有三维图像和声音效果，还有不同的气味，根据场景的变化座位也可以摇动或振动，甚至能感觉到风的吹拂。在那时这套装置是非常先进的，但停留在只能观看，没有交互操作的功能的阶段。

图 3-46　多通道体验显示系统（Sensorama）

1960 年，美国摩登·海里戈获得了单人用立体电视设备的专利，这之中就用到了虚拟现实技术。

1965 年，在国际信息处理联合会会议上，计算机图形学之父——美国的伊凡·苏泽兰（Ivan Sutherland）博士发表了以《终极显示（The Ultimate Display）》为题的一篇论文，他提到了一种新的人机协作理论，即一种创造性的、有挑战性的图形显示技术。区别于使用屏幕观察电脑生成的虚拟空间，而是仿佛生活在现实世界，沉浸式处于电脑生成的虚拟世界中：当使用者转动他的头部和身体（即变化视角）时，他所看到的场景也会随之变化。同时，使用者还可以用身体部位与虚拟世界自然地交互。虚拟世界会根据使用者的动作产生回应，使其身临其境。这一理论是虚拟现实技术的又一里程碑，伊凡·苏泽兰也因此被称为"计算机图形学之父"和"虚拟现实技术之父"（见图 3-47）。

图 3-47　伊凡·苏泽兰（Ivan Sutherland）

1966 年，麻省理工学院的林肯实验室在海军研究部和北卡罗来纳大学的海军研究部的支持下，研制出第一台头盔式立体显示器（HMD）。设备可以通过用户界面将物理压力传递给用户，并让人感受到计算机模拟的魔力。

在哈佛大学的组织下，1968 年，伊凡·苏泽兰开发了另一款头盔式立体显示器（见图 3-48），运用了两个眼镜式阴极射线管（CRT），并发表了以"头戴式 3D 显示设备（A Head Mounted 3D Display）"为题的一篇论文，深入地研究了头盔式显示器装置的设计要求和结构原理，描述了它的设计原型，这是 3D 立体显示技术的基石性成果。HMD 原型完成不久后，研究人员进行了反复测试。在此基础上，系统增加了可以模拟力量和接触的力反馈装置，并且在 1970 年开发了一个功能齐全的头盔式显示系统。

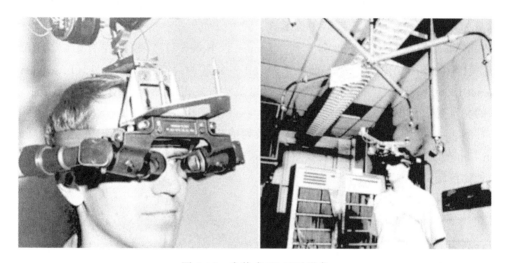

图 3-48　头戴式 3D 显示设备

1973 年，迈伦·克鲁格提出了"人工现实（Artificial Reality）"，这是虚拟现实的早期术语。

3.4.1.2　虚拟现实技术系统化阶段

从 20 世纪 80 年代初到 80 年代中期，虚拟现实技术的基本概念开始形成。同时出现了两种常见的虚拟化系统，视频地点（VIDEO PLACE）和虚拟互动世界工作站（Virtual Interactive World Workstation，VIWW）系统。

在 20 世纪 80 年代初期，为了降低训练成本，提高安全性并减少对环境的影响（爆炸和铁轨会严重损坏训练场地），美国国防部高级研究计划局（Defense Advanced Research Projects Agency，DARPA）开发了网络（SIMNET）。这是一种用于坦克制造、战斗训练、模拟的虚拟战场系统，SIMNET 模拟网络中美国和德国的 200 多辆模拟坦克模拟作战。

20 世纪 80 年代，美国宇航局（NASA）和美国国防部对虚拟现实技术进行了多项研究，并取得了突出的研究成果。1984 年，美国宇航局艾姆斯研究中心虚拟行星探索实验室的麦格里威博士（M. McGreevy）和哈姆弗瑞斯（J. Humphries）博士为星际探索组织开发了虚拟世界的可视化。火星探测器返回的数据将被输入计算机，为地面研究人员创建火星表面的三维虚拟世界。后来在虚拟互动世界工作站项目中，他们开发了个人模拟多传感器和遥控设备。

1985 年，怀特帕特森空军基地（WPAFB）和迪恩·科西安共同开发了虚拟社会保障系统（Virtual Social Security System，VSSS）飞行系统模拟器。1986 年，弗内斯引入了一个名为"虚拟工作台（Virtual Crew Station）"的革命性概念；罗比内特及其合作者费舍尔、斯科特斯（Scott S.）、詹姆斯·汉弗莱斯、迈克尔·麦格里维发表了一篇关于虚拟现实系统的论文《虚拟环境显示系统（The Virtual Environment Display System)》；杰西·艾肯劳布提议开发一种新的 3D 视觉系统，使观察者能够以相同的效果看到 3D 世界，而无需立体眼镜、头部跟踪系统、头盔等笨重的配件，这一设想在 1996 年发明 2D/3D 转换立体显示器后得以实现。

1987 年，詹姆斯·D·弗利·何（James. D. Foley He）教授在有影响力的期刊《科学美国人（Scientific American)》上发表了一篇题为《高级计算接口（Interfaces for Advanced Computing)》的文章。这篇文章以及随后发表在几家报纸上的关于虚拟现实技术的文章受到了很多关注。

1989 年，在 20 世纪 60 年代以来的一系列成果的基础上，美国 VPL 公司的创始人 Jaron Lanier 正式提出了"虚拟现实（Virtual Reality）"的概念。当时的研究目的是创造一种比传统的计算机模拟更好的方法。

3.4.1.3 虚拟现实技术高速发展的阶段

1992 年，美国超感八人组（Sense8）开发出"Sun 的无线开发工具包（WTK）"，提供更高层次的虚拟现实技术应用。1996 年 10 月 31 日，世界上第一个虚拟现实技术展览会在伦敦开幕。全世界都可以通过互联网在家中参观虚拟展会。没有场地，没有工作人员，也没有真实的展品。该展览由英国一家虚拟现实技术公司与英国电子版《每日电讯报》联合举办。人们进入展览网站参观展厅和场馆。展厅里有很多摊位。人们可以从不同的角度和距离观看展品。

1996 年 12 月，世界上第一个虚拟现实环球网站在英国推出。互联网用户可以在三维虚拟世界的网络上冲浪，沉浸在风景中、参观展览、参加大学讲座等。访问英国公司的"超级视图（Super View）"网站后，屏幕上出现了"超级城市"的立体模型。用户可以参观"市中心"虚拟超市、游乐厅、图书馆和大学等场所。

计算机硬件技术的飞速发展和计算机软件系统的不断完善，极大地推动了虚拟现实技术的发展。这使得使用大量音频和视觉数据生成实时动画成为可能。人机交互系统的设计不断创新。大量创新实用的输入输出设备不断涌现。这为虚拟现实系统的发展提供了良好的基础。

1993 年 11 月，宇航员使用虚拟现实系统成功地完成从航天飞机的运输舱中移除一个新的望远镜面板的工作。在数百个工作站的虚拟世界中，由 300 万个零件组成的波音 777 采用虚拟现实技术设计。

英国"超级视图"公司董事长在发布会上表示："虚拟现实技术的出现，是互联网从纯文本信息时代的又一次飞跃，应用的可能性是无穷无尽的。"通过提高互联网流量的速度，虚拟现实技术很有可能走向成熟。因此，虚拟现实全球网络的出现是大势所趋。这种网络将广泛地应用于工程设计、教育、医学、军事、娱乐等领域，虚拟现实技术将改变人们的生活。

3.4.2　虚拟现实的技术在设计中的应用

作为计算机的尖端技术，虚拟现实（VR）在帮助制造企业在国际市场上保持竞争力的方面发挥着重要作用。然而，尽管虚拟现实领域取得了一定的成就，它仍是一项新兴技术，在工业应用场景中缺乏更深层次的探索和发展，尤其是即将到来的第四次工业革命（工业 4.0）。

虚拟现实是一个先进的计算机技术，它可以在模拟现实或者虚拟世界的机制时，给用户带来多种直观感觉。虚拟现实并没有一个统一或严格的定义，它的目的和具体设置也不尽相同。虚拟现实可以看作是传统计算机图形向 3D 显示的自然延伸，具有先进的输入和输出功能。

虚拟现实的研究可以追溯到 20 世纪 60 年代，分为硬件方面和软件方面。早期的虚拟现实设备非常笨重、昂贵且效率低下。经过几十年的发展，硬件的尺寸变小了，成本降低，软件更加高效，整个虚拟现实系统可以为用户提供更大的空间沉浸感。如今，虚拟现实应用不仅可以为用户提供超越现实的沉浸式视觉，还可以为用户提供听觉、触觉甚至与虚拟物体互动的能力。近年来虚拟现实在许多领域都经历了突飞猛进的发展，它已经成功地吸引了工业界和学术界的兴趣。

从设计的角度来看，虚拟现实可以看作是传统 CAD 工具的自然延伸。通过先进的 3D 数字技术，在虚拟环境（VE）中实现产品、维护工具和设备的数字模型（DMU）的可视化。设计师可以通过交互设备与虚拟环境中的对象进行交互，模拟维护过程，验证设计状态。因此，在早期阶段，虚拟现实可以用来暴露维护设计中存在的问题，还能帮助设计师及时做出改变。使用虚拟现实可维护性设计方法不需要物理原型，可以帮助设计师更好地理解产品，可以克服传统设计方法的缺点。此外，虚拟现实还可以应用于维修培训和现场运维。

目前，虚拟现实技术已经在许多学术机构和行业领域得到了研究和应用。

中国美术学院范凯熹在 2020 年柳州设计周文化创意发展论坛的演讲中提到"工业物联网与人工智能时代 3D 产品智能制造设计"，即使用物联网（Internet of Things，简称 IoT）和人工智能（Artificial Intelligence，简称 AI）技术进行 3D 数字制造和创意设计，产品包括工业产品、时尚产品、工艺品、展览产品、旅游纪念品、礼品、珠宝首饰以及 3D 打印媒体和动画的设计与制造，是工业物联网＋人工智能＋创意＋设计＋数字技术的完整集成概念。

一个三维立体形态的数字智造产品的产生，需要经过创意设计、3D 建模、3D 打印或数控（CNC）模型制作、批量或物联网个性化生产制造、3D 展示等多个环节。它通过物联网，将不同地方、不同种类的 3D 产品设计、智造、展示的项目和相关设备，如 3D 建模设备、3D 打印设备、3D 展示设备、3D 交互设备、数控快速成型设备等连接起来，组成一个相对完整的、虚拟实验与真实设计制造（制作）相结合的混合现实的3D设计制造系统，达到设计人才、设计设备的资源共享、优势互补的效果。

其中，在物联网智能设计的创新技术部分提到了以下三种虚拟现实技术的应用：

(1) 物联网与虚拟现实的智能设计（AR/VR/MR/CR/ER）

智能物联网虚拟现实融合设计是一种设计计算机仿真的方法，可以在物联网和人工智能时代创建和体验虚拟世界。它使用计算机来创建模拟环境，结合多源数据、虚拟现实和物联网技术，结合旅游产品的智能交互设计，结合3D建模、红外模组通信等核心技术，能够很好地展示物联网产品的3D漫游功能并且对某些数据进行控制，因此可以改善用户体验。

虚拟现实技术（Virtual Reality，VR，见图3-49）是利用最新的计算机和传感器技术创造的一种新的人机交互方式。沉浸式交互设计是其特征，建模与仿真是其核心。

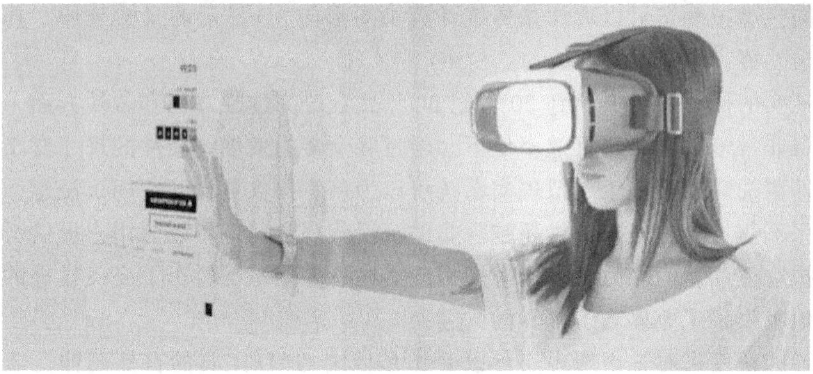

图3-49　虚拟现实技术

① 增强现实技术（Augmented Reality，AR，见图3-50）是一种通过计算机系统提供的信息来增加用户对现实世界的感知的技术。将虚拟数据应用于真实场景以增强现实。

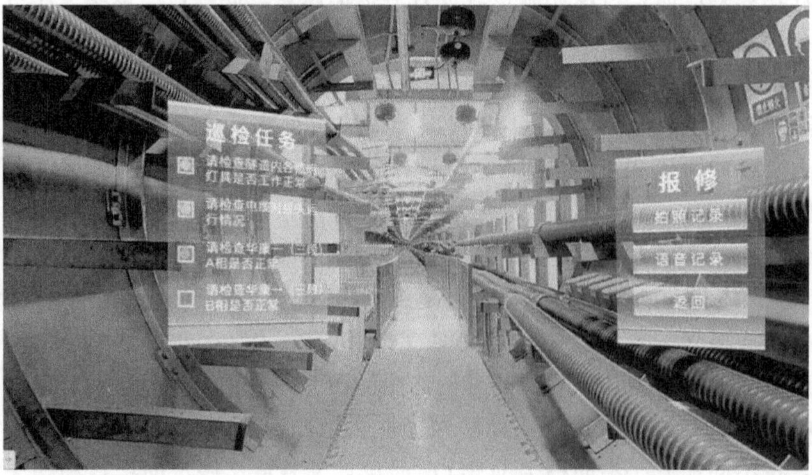

图3-50　增强现实技术

② 影像现实技术（Cinematic Reality，CR，见图 3-51）是一种新技术，它可以改变现实世界，创造一个与现实世界 1∶1 的基于云端的数字世界。在影像现实技术世界中，不仅环境影响与现实世界相同，还能与数字场景互动，同时，影像现实技术还能够还原过去和未来的现实，人们可沉浸于影像现实技术构建的现实还原场景中，感知、互动体验，并完成对未知现实的深入探索和研究。

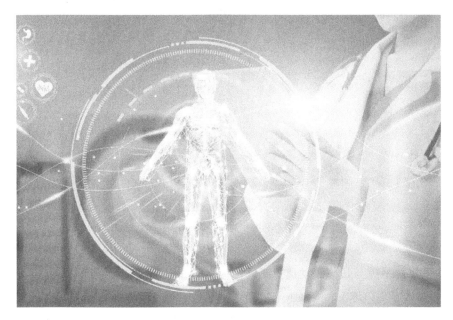

图 3-51　影像现实技术

③ 混合现实技术（Mix Reality，MR，见图 3-52）是一种基于虚拟空间和真实空间融合的技术，是一种裸眼体验的虚拟现实，并可以部分触摸到真实的空间。

图 3-52　混合现实技术

④ 拟真现实技术（Emulated Reality，ER，见图 3-53）是一种基于物联网突破时间和空间的扩展现实技术，是 VR 和物联网的融合，它不仅可以体验，还可以远距离地真实操作。

图 3-53 拟真现实技术

(2) 多媒体平板与超薄互动虚拟桌面

① 多媒体平板（图 3-54）。使用平板电脑聆听优美的 MP3 音乐，同时编写带有有趣插图的电子邮件。通过调制解调器可以连接到互联网，可以将原件发送给远方的亲友。孩子们可以玩电脑游戏，学习课外知识。随着网络速度提高，还可以与异地的同事和朋友举行在线视频会议，相互讨论重要和紧急的业务决策。然后将业务报告变成带有图像和富文本的多媒体企业演示文稿。这是多媒体改善我们的生活的一个明显例子。

图 3-54 多媒体平板

② 超薄互动阅读工具设计（图3-55）。超薄互动阅读工具设计的独特之处是数字化、交互化和轻量化，它将使媒体使用材料更超薄、更透明、更轻盈、更柔软，环境更加灵活、生动。

图 3-55　超薄互动阅读工具

③ 设计师虚拟桌面（图3-56）。所有虚拟桌面机都托管在数据中心中进行管理。同时最终用户获得完整的 PC 体验，未来我们将能够通过任何设备，在任何地点远程访问网络设计人员，并获得个人桌面系统设计人员的许可，从而了解设计师工作过程和成果。

图 3-56　设计师虚拟桌面

(3) BYOD 与设计师新的虚拟智能平台工具

自带设备（Bring Your Own Device，BYOD，见图3-57～图3-59）指个人空间中的

无线网络平台，拥有自己的办公设备。这些设备包括个人电脑、手机、平板电脑、打印机、扫描仪等。在机场、酒店、咖啡厅等，用设备（常指手机或平板等智能手持设备）登录公司邮箱、在线办公系统，不受时间、地点、设备、人员和网络环境的限制。

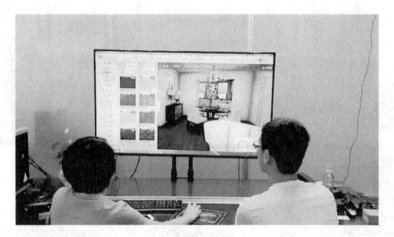

图 3-57 畅想家 VR 家居（革命性的设计销售平台）

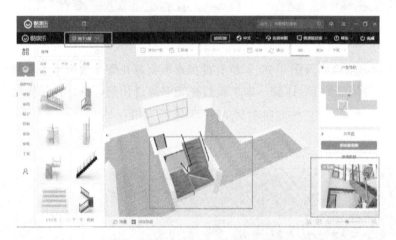

图 3-58 酷家乐 3D 云设计（VR 家居体验式营销解决平台）

图 3-59 720 云平台（自动合成 VR 全景图微信软件）

BYOD使设计公司和设计师能够满足他们的新技术和个性化需求，同时提高设计师的生产力，降低公司和设计师在移动设备上的成本和投资，并为设计师提供免费的虚拟工作。BYOD向人们展示了虚拟办公场景的美好未来[6]。

3.4.3 混合原型的设计方法

原型设计是产品开发过程中必不可少的一部分，人们普遍认为物理和虚拟原型设计的增加可以改善产品。原型设计还包括探索设计空间，学习设计问题，补充设计师的心理模型，发现意想不到的现象，以及作为交流的边界对象。

相应地，许多原型工具和方法已经被开发出来，专门用于在设计过程的早期阶段支持基于表单的原型。例如，3D打印使设计师能够与他们的设计进行实际互动，使用纸板原型，并使用施工工具包与非技术利益相关者进行接触，促进共同设计。对于设计师来说，在选择工具和方法时，需要在质量和时间之间进行权衡。此外，这些工具和方法具有不同的优点和缺点，使得它们可以更加适合产品开发过程的不同阶段和特定的设计任务。一般而言，工具和方法可以被认为是一个从高保真、慢制作、低灵活性，到低保真、快制作、高灵活性的范围（见图3-60）。

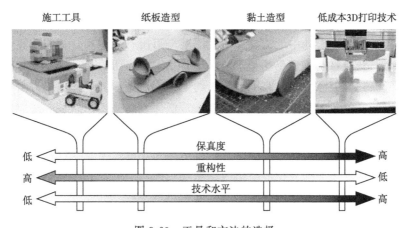

图 3-60　工具和方法的选择

现有研究结果表明，低成本3D打印与模块化构造可能产生效益。确定了两个关键的好处：第一，通过模块化构造以及减少3D打印体积，减少了原型迭代的制造时间，3D打印速度缓慢，减少打印量可以减少制造时间；第二，原型的可重构性可以通过对现有部件的重用和可替换部件的制造来实现，这些可替换部件可以在后续的原型迭代中互换使用来修改形式或特性。

多数情况下，快速周期是有效使用原型的关键，以减少原型设计-构建-测试周期的时间。此外，原型材料的重复使用可以潜在降低原型成本，开发可重构的模块化原型，增加原型过程中可能获得的好处。另一个潜在的好处是，设计师可以亲自参与他们的设计以及设计过程，并允许他们"手工设计"。这一优势建立在萨斯和奥克斯曼提出的将物理快速原型集成到设计过程的方法框架之上，并有助于弥合概念设计和物理制造之间的差距。

原型设计是产品开发过程中的一项关键活动，可以描述为"与未来产品接触，实例化设计过程的活动"。原型鼓励在设计过程中学习，并提供决策变量，帮助设计师回答特定的设计问题，同时也产生新的问题。

原型在产品开发过程中有四个不同的目的：学习、交流、集成和里程碑。类似地，厄尔曼根据原型的作用定义了四种原型的用法：概念证明、产品证明、过程证明和生产证明。所有这些不同的目的都需要不同类型的原型和原型方法。里程碑或生产证明原型区域的属性和特征远比学习或概念证明原型更能体现最终产品。对这些不同的属性和特征进行分类，包括：研究原型的形式与功能、用于体现原型的工具和方法、原型达到的保真度。

虽然原型可以用来设计服务（和软件），但这项研究将集中在离散的、必须设计和制造的物理产品。乌尔里希和埃平格指出，产品位于连续体的两端：一端是技术驱动的产品；另一端是用户驱动的产品。它们的定义如下。

技术驱动的产品——这些产品的核心原则是基于技术，或实现特定技术任务的能力。购买这些产品主要是为了其技术性能，而不是审美或人体工程学的要求。

用户驱动的产品——这些产品的好处来自于界面的功能和美学吸引力。这些产品通常有高度的用户交互性，并且通过外观来区分竞争对手。用户驱动的产品可能在技术上很复杂，然而，差异并不十分明显。

在用户驱动产品的设计中，需要高保真原型来引出有用的利益相关者和用户对设计的反馈。然而，低保真度原型仍然很有价值，因为它们提供了高成本/时间比的设计见解。因此，低保真度原型可以在相同的预算约束下支持更多的设计迭代。由于很少有方法能够以相似的成本或时间提供更高的保真度，低保真度原型仍然被广泛应用于设计过程的早期阶段。

在设计的早期阶段，利用早期原型来传达信息，并对新概念进行讨论和理解。现代创新产品开发过程强调创建有形的原型的重要性，因为它们具有沟通复杂性的能力，能够快速反馈，并在过程的早期阶段就设计变更提供指导。

4

案例与应用

4.1 大型装备的应用案例

4.1.1 大型机床类产品

数控机床是现代制造业的核心设备。数控机床的工业部门是机器制造的关键，国家的农业、生产行业都离不开数控机床，它保证了现代化工业生产的高生产率和先进技术经济指标。

数控机床是精度高、效率高的自动化机床，加工范围广，有工艺性，可以直接加工槽、圆柱切面、螺旋等复杂工件，是目前制作大批量的复杂精密零件的必备机器。数控机床按照已经编程的文件程序加工方式，自动、精密地对零件进行加工处理。

相比其他普通机床，数控机床有如下优势：

① 操作更节省人力与时间，可显著提高零件、设备加工效率，它只需通过改编程序来完成加工，能够更高效、精准地完成加工操作。可以利用计算机辅助系统（CAD/CAM），以及柔性制造系统（FMS）进行操作。

② 精度、稳定性更强大，加工范围也更广泛。数控机床可以自动切换刀头，加工不同种类的零件，这可以减少人为犯错的概率。通过数字化电子信息控制系统，在加工过程中采用封闭式或半封闭式加工，能够加工不同种类的高精度复杂多变的零件，相比传统机床稳定性也更好，抗振性也比普通机床更有优势。

（1）数控机床分类

数控机床有普通数控机床、加工中心、金属成型数控机床、数控特种加工机床和其他类型的加工机床等多个种类。

（2）数控机床结构

数控机床的结构主要由刀库、电机、显示屏幕（输出设备）、操作面板（输入设备）、主轴、工作台、机床底座等构成（见图4-1）。

（3）优秀国外数控机床设计案例

欧美、日本等装备制造业发达地区经过多年的技术积累，在加快高新技术设备研发的同时，更在努力融入产品系列化研发的创新设计理念，产生识别性强的企业与产品特征，利用产品形象识别系统（Product Identity，简称PI）提升企业形象识别系统（Corporate Identity System，简称CI或CIS）。在塑造差异性产品、企业识别系统，实现产品高技术、高标准、高品牌等语意的传达的同时，更为有效地利用了大规模生产的作业平台。谭建荣（浙江大学）等在研究大规模定制下产品平台和产品族的构建时，提出良好的产品族（共同外形特征和功能）设计是基础的产品配置设计，并细致地讲解了产品平台、产品组、可配置产品之间的关系；朱上上（浙江工业大学）等（2010）提出塑造产品形象识别是形成一个产品系列 DNA 的良好方法；贾法尔·罗西达等（2011）在研究中论证了产品系列化品牌识别与实际产品营销之间的关系，以及对产品销售的促进作用。德国知名纺机设备生产企业卡尔迈耶（Karl Mayer）在其各个系列的产品规划与设

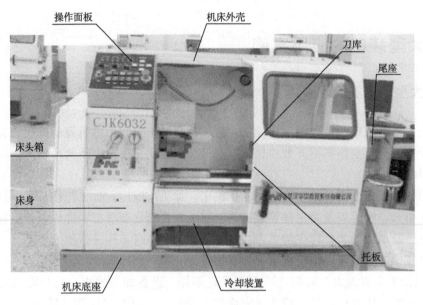

图 4-1　机床结构图示

计中，采用了与其商标相符合的白绿灰色作为主色调（见图 4-2）。

图 4-2　德国知名纺机设备生产企业卡尔迈耶商标及产品

　　在产品的形态与标准化中体现出了统一的系列化特征。又如德国电气设备生产商费斯托股份公司（Festo AG&CO. KG）将统一的视觉识别语言和全新的工业设计标准融入其新产品系列化的规划和研发中，使其产品具备更优秀的技术、标准、设计、制造，和视觉识别统一性。为此，德国红点奖（Red Dot Award）在 2010 年将当年四个新产品的产品设计奖授予了 Festo（见图 4-3、图 4-4）。

图 4-3　红点奖与 Festo 标志

图 4-4　Festo 全新系列化产品

以下三款数控机床均为德玛吉的激光加工设备（见图 4-5～图 4-7），占据大部分的高端数控激光加工设备市场。机床的窗户采用了黑色内透这样一个比较重的内透颜色的设计。整体造型上采用了不对称形态，曲线线条使产品充满了活力和张力，并且赋予产品现代感和科技感。德玛吉机床采用了灰、白和红三种颜色的组合，使产品沉稳又不失趣味。纵观该品牌的其他类似机床产品的设计，大多采用弧度曲线的形态，以及三套色的设计方案，满足高端消费市场对于创新数控机床的要求。

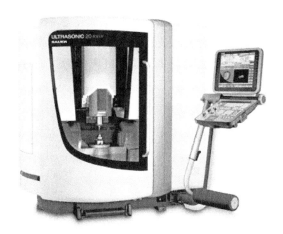

图 4-5　德玛吉公司机床 1

图 4-6　德玛吉公司机床 2

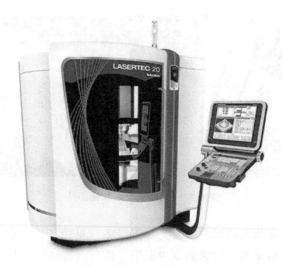

图 4-7　德玛吉公司机床 3

国外较为成熟的机床产品还包括哈斯机床（见图 4-8 和图 4-9）。哈斯机床一直以来以他们的钣金加工实力而著名，他们的品牌已经做出了自己的风格。就国内的机床设计而言，其在高端钣金的加工、设计处理等方面依然有差距，一些高精密度的钣金处理加工还是主要靠从国外进口得以实现。钣金是用于金属薄板的一种综合性的冷加工工艺，钣金件剪、冲、切、折四道工序是生产技术的关键。国内大多生产企业都要依靠手工完成，一些高精度钣金加工件都无法完全使用数控机床作为工作母机。

图 4-8　哈斯机床 1

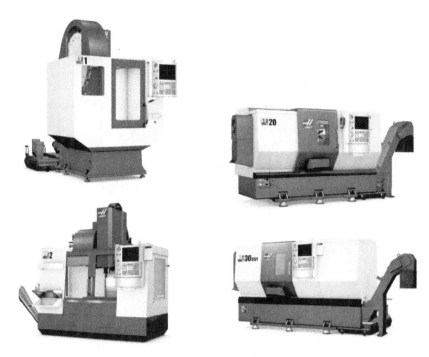

图 4-9 哈斯机床 2

哈斯机床整体上采用了直线的方式来构造产品，在转角处采用小圆角的过渡方式来完成拼接。可以看到整个机床整体给人干净利落、稳重的感觉。其颜色主要采用了深灰色和浅灰色，品牌处加以红色适当点缀。较好地凸显了品牌的标志。其设计风格也比较统一，可以说已经成为机床界独树一帜的品牌风格。

2015 年 3 月 19 日，国家会展中心开展了 CME 国际机床展，在这次机床展中，采集国际上比较优秀的大型数控机床的设计（见图 4-10）进行研究分析。大多数优秀的机床设备采用深灰色与浅灰色搭配，机身造型整体圆润，切面与切面设计比较多变顺畅，线条更流畅。机床窗口采用小格分布设计，整体密集设计的地方加重设计（如把手），留白处线条流畅平直。立式加工中心，采用部分反光金属拼接材质，增加未来感。

数控机床有着类似的外观线条特征：底座稳定，顶部较小；机身正脸大致由操控界面和玻璃构造；侧边深灰，由金属板件构成。对于机床这样大体积的产品来说，过多曲线会造成过于繁复。因此总结目前国内市场上机床的特点，有这样的一些短板：产品侧面转角生硬、过于方正。因此在设计中，希望融入一些更为圆滑的弧线，来打破机床原有的呆板、生硬、笨重的感觉。

(4) 工业界面操作

工业界面操作通常是指工作人员利用附着在机械设备上的操作屏幕进行设备运转和调节操作。其中专门供给工业生产所使用的工业控制计算机称为工业电脑。

工业用平板或者电脑不用有太高的性能，而是更为关注其工作稳定性。一般工业用平板电脑的性能只要符合系统的要求，能够达到相关的操作需求即可。工业设备的稳定性尤为重要。一旦工业界面操作出现错误，将造成生产线的故障，使生产停滞。会带来

图 4-10   2015 年 CME 国际机床展上的产品

一系列问题，引发巨大的损失。因此，工业操作环境中的界面设计都必须能够适应相应的工业环境，符合相关的工业标准。

图 4-11 是在传统的机床厂经常能够见到的操作台以及操作界面，操作台具有分明的轮廓线，复杂的操作选项和辨识度低的界面信息。而这些设备不仅仅供专业的工程师进行参数的编程和修改，也提供给普通的员工进行操作，完成相关的控制。通过操作控制系统，输入相关程序代码或是指令，可以满足专业工程师的需求。但是对于普通的操作人员而言，复杂的操作按钮和辨识度较低的操作界面必然会带来较大的操作障碍。

图 4-11   传统机床控制面板

目前，一些大型机床制造企业曾尝试将平板直接构架到工厂中，并且已经实现（见图 4-12）。虽然，将平板直接与工厂操作界面进行融合具有较好的创新性，但整体的融合度方面有较大的欠缺。首先，整个的外形与数控机床设备格格不入。仅仅通过两个数据线进行对接，十分简陋。工程师和操作人员在满足功能需求的时候并没有较好地提升人机交互感受。可以达成操作机器、控制机器的行为时，没有满足操作者的操作体验。这样粗糙的结合方式不仅没有很好地提升产品的品质，反而影响了产品品质。此外，直接将操作界面固定在操作台上，一旦出现工作人员的位置变化就不利于进行设备操作（见图 4-13）。实现操作台以及操作界面的灵活性和易操作性是工业操作界面需要解决的重要问题。

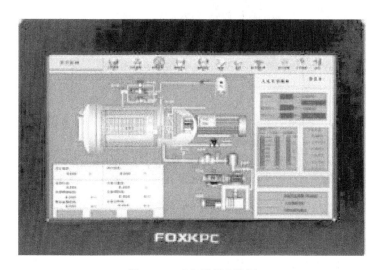

图 4-12　工业平板电脑图

图 4-13　工业平板电脑（Windows 系统）

(5) 数控机床领域与工业触屏设备的融合

在工业触屏设备中，不可避免地需要解决触屏设备与数控机床设备的连接问题。该设计需要保证工业触屏设备与数控机床相连，也需要实现工业触屏设备不仅仅局限于一台特定型号的数控机床。因此，借助于机械臂将工业触屏设备和数控机床连接成为有力的解决方案。

图 4-14 的机械臂相对于工业机械臂更加具有设计美感，用一根管状体将内部的机械臂进行包覆。其头部装饰有发光二极管（LED）亮灯。整体设计具有流动性、整体性和创新性。同时，整体的管状造型可以根据操作者的位置随意地扭动，产生富有变化的造型。

图 4-14　机械臂

通过管状包覆将机械臂内部的复杂产品结构、电线、零件等包覆起来，使其产品具有统一的造型语言和特征风格。象鼻机器人的设计（见图 4-15）是相当具有工业美感的。其金属光泽和金属质感的效果给人以科技感和时代感。轮廓分明的不断重复的结构淋漓尽致地表现了象鼻机器人的灵活性和动感。同时，其表面的柔韧性也让人产生了舒适和安全的心理感受。

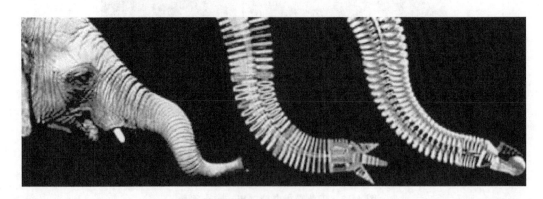

图 4-15　象鼻机器人

采用管状包覆以实现产品的精确移动和定位需要柔性机械臂的支持。只有多关节的柔性机械臂才能达到造型的任意扭曲和变化。柔性机械臂具有高度非线性的特点。

柔性机械臂（见图 4-16）从本质上来说是一种柔性机器人，是一种自动控制的机械。具有可编程和可控性，可以按照人们的要求进行操作作业和移动动作。机器人的研发和设计综合了多项前沿学科的知识，也是当今十分活跃的研究领域。一个国家工业机器人发展的程度高低，体现了其工业自动化水平的高低。

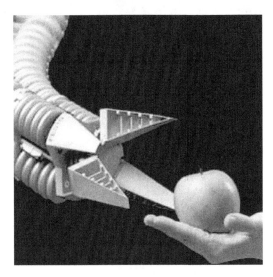

图 4-16　柔性机械臂

在工业 4.0 的时代大背景下，工业智能机器人的开发和应用也愈发广泛。柔性机器人可以分为杆性柔性及关节柔性两类。因为增加了自由度，刚性机器人从原本的有限自由度变为多限自由度，甚至是具有无限自由度，这是一次重大的技术跨越。柔性机器人的重量轻，自重比高，因此具有能耗低、效率高和可操作空间大的优点。这些优势使得柔性机器人在高新尖的工业领域和国防工业中占据了重要地位[38]。

4.1.2　医疗器械类产品

人们利用感官与周围的世界进行互动，当与医疗设备（如透析机、注射器、注射泵或外科"订书器"等）互动时，我们看到的、听到的、触摸到的、利用嗅觉或味觉感受到的设备的部分构成了用户界面。因此，用户界面包括硬件组件、软件屏幕、标签（包括用户文档）、声景、芳香（气味）、有味道的材料等。

如下文所述，用户界面可以是一种特定类型或者多个的混合体。

4.1.2.1　硬件

这里是一些硬件用户界面或其中的组件的示例，整个产品可能是硬件、软件和标签的混合体。

用于调节气体混合物的旋钮（即空气、一氧化二氮和氧气的量），如图 4-17 所示。

防止病人从医院病床上掉下来的护栏（床轨），如图 4-18 所示。

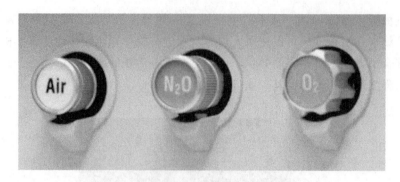

图 4-17　旋钮

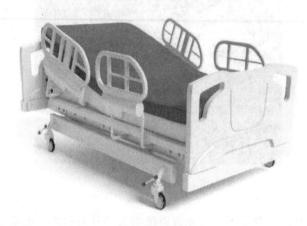

图 4-18　床轨

仅限于训练的电极垫，用于模拟使用自动外部解冻器，如图 4-19 所示。

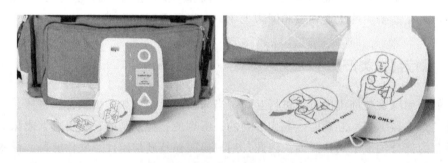

图 4-19　自动外部解冻器

4.1.2.2　软件

即使计算机显示器在技术上是一个硬件组件，但该显示器和在它上面显示的信息（即屏幕上显示的信息）通常被称为软件用户界面。人们一般使用他们的眼睛和一个指向设备（如鼠标、触控板、触控笔）与屏幕上显示的信息进行交互。最明显的是，一个设备的软件用户界面可能包含多个显示器。

在病人显示器上显示血流动力学参数值和波形的平板液晶显示器，如图 4-20 所示。

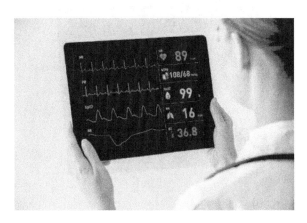

图 4-20　平板液晶显示器

由血管内超声成像系统捕获的冠状动脉图像的大型 LED 显示器，如图 4-21 所示。

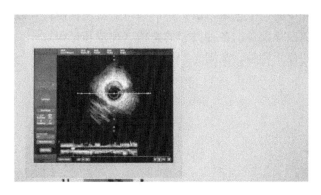

图 4-21　LED 显示器

触摸屏显示器，用于显示信息和触摸控制，内置到血液分析仪中，如图 4-22、图 4-23 所示。

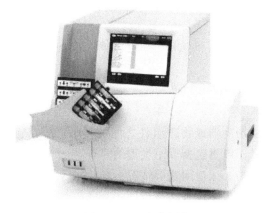

图 4-22　血液分析仪

113

图 4-23　触摸屏显示器

4.1.2.3　标签

标签是医疗行业中的一个艺术术语，指的是可能出现在硬件和软件用户界面上的单词和符号，以及伴随医疗设备的各种类型的文档（虚拟和打印）。

注射泵按钮上的停止符号，如图 4-24 所示。

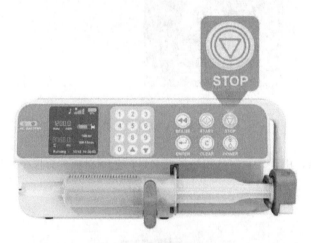

图 4-24　注射泵

4.1.2.4　声景

设备产生的声音，由扬声器或物理组件之间的接触产生，也是一个用户界面元素，我们把这种刺激称为声景。声景包括以下类型的声音：

报警器：当出现心率高、尿道闭塞等情况；

警报：校准后，将剂量水平设置在高范围；

信息音调：心跳、输入配置等；

点击：响应按钮的点击，旋钮的旋转，启动和关闭的旋律，设备激活和停用等。

4.1.2.5 气味

一个设备可能会产生一种气味使人与它互动。示例如下：

胰岛素从粘在使用者腹部的输液装置中泄漏的气味是喷雾器释放的雾化药物的气味，表明正在工作的喷雾器密封失效；

麻醉剂在挥发过程中从麻醉机的蒸发器中泄漏，这表明设备出现了故障。

4.1.2.6 味道

味道可以在用户的互动中起到关键作用，特别是对于需要用户吸入或吞咽药物的药物-设备组合产品。

例如，呼吸设备产生的气溶胶可能会在流向气管和肺部的途中覆盖到舌头。除了可能产生的物理感觉外，气溶胶中的药物还可能产生一种独特的味道，说明设备在口服过程中已经提供了一定的剂量，同时也表明流向气管的药物剂量也会低于预期，使患者可以感觉到药物是被吞下而不是吸入。

通过口中融化、被咀嚼、吞下或简单吞下的介质，味觉也会影响用户体验，如图4-25。

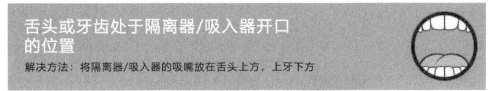

图 4-25　关于误导吸入药物在舌头上而不是沿着呼吸道的警告

吸入器输送的药物味道（吸入干粉）保证药物输送，如图4-26。

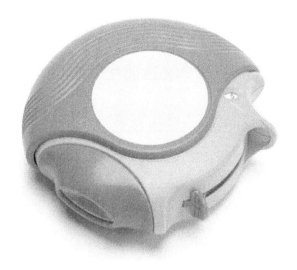

图 4-26　吸入器

喷雾器释放的气溶胶的味道使喷雾器有效地雾化吸入药物，如图 4-27。

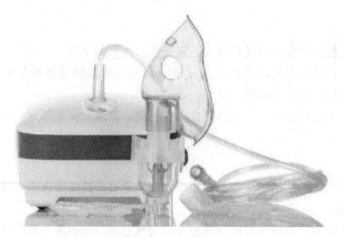

图 4-27 喷雾器

4.1.2.7 综合形式

大多数更复杂的医疗设备都包括前面描述的几种类型的用户界面元素，包括以下示例（见图 4-28～图 4-31)[39]。

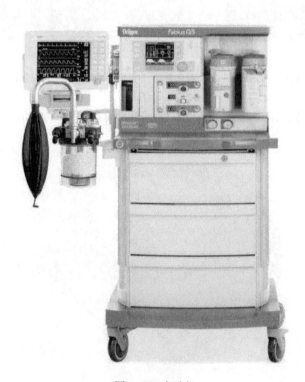

图 4-28 麻醉机

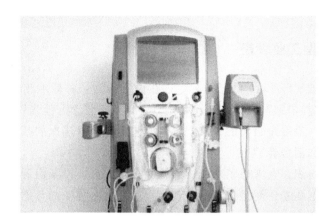

图 4-29　血液透析机

图 4-30　医院病床

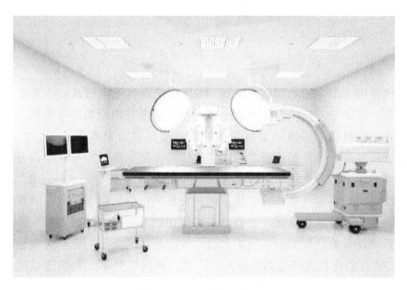

图 4-31　C 形臂 X 射线机

4.1.3 其他宽重型工业装备

设计理论的基础起源于 19 世纪中叶，远在设计作为一种职业出现之前。英国艺术理论家约翰·罗斯金（1857 年）提出了审美价值产品的概念。他强调："仓促创造的东西，将会仓促灭亡；最终是最贵的；日常事物的艺术是艺术层次的基础；机器生产削弱了制成品、制造商和消费者。"

构成是形式的组织，它考虑了功能、结构和技术因素，以及由形式协调的要求所决定的一些规律。成形是基于对最重要的客观因素以及成分规律的考虑，创造产品形状的过程。成形的过程从两方面开发。一方面，从机器的工程开发，从根据规定的技术要求和条件所进行的布局；另一方面，与根据组合法的形式的设计开发。由于良好的协调，在某一时刻塑造的两个方向开始一起运作。但是整个设计过程应该由设计工程师不断监控，由他调整特定项目的设计方案和发展，如图 4-32[13]。

图 4-32　铸铁锅炉

变电站内使用天车运输地理信息系统（GIS）设备的成本很高，一直依靠以人力为主的简易设备，效率低，迫切需要发明一种适用于室内重型设备的转运车。气垫单元靠压缩空气运转，在地面上形成一层薄薄的高压气膜，具有承载能力大、摩擦力小等优点，特别适合在室内转运重型设备，但由于整体集成度不高和没有驱动设备，使用不方便。国外气垫转运设备开发较早，种类繁多，主要制造商有美国 Aerogo、芬兰 Solving和德国 DELU，主要供应气垫单元和集成推进设备的气垫转运车。大多数推进装置使用气动马达，噪声大，驱动效率低，驱动电机的使用尚未见报道。随着近年来伺服电机的发展，适合移动设备的、低速的、扭矩大的、控制灵活的低压伺服电机使驱动设备更加紧凑，在 AGV 自动化物流行业的应用尤其广泛。根据气垫单元和伺服电机的优点，设计了一种可承载 20t 的电驱气垫转运车，可各向移动，灵活度高，适合转运室内大型设备，尤其是变电站室内 GIS 设备的转运以及安装。

(1) 气垫转运车总体设计

根据 GIS 设备的安装和转移程序（如图 4-33 所示）和现场条件，气垫转运车的总体要求如下：①气垫转运车在未充气时可以承载地理信息系统；②气垫转运车可以向各个方向移动；③气垫的位置可以调节；④气垫转运车的空气系统是自动控制的；⑤气垫转运车可以快速安全地取出。以满足整体功能为主线的要求，兼顾紧凑、经济、实用和维护方便。气垫转运车分为 6 个模块：车体结构、气压系统、驱动系统、卷收器系统、气垫位置调节系统、控制系统。其中，气压系统的主要负载，包括气垫单元、控制阀等，以满足驱动系统的运行要求，增加安全气囊气缸的附着力，气压系统示意图如图 4-34 所示。驱动系统控制气垫转运车的运动和转向，要求结构紧凑，通过上下位置控制和调节推力大小。卷收器系统主要作用为提供可增加气垫转运车移动范围的软管，随着车体移动缠放软管。气垫位置调节系统主要控制气垫单元在车体中的定位，提高气垫对地面的适应性。

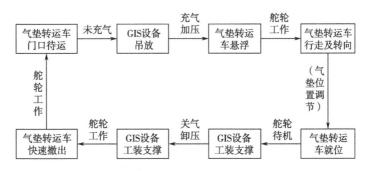

图 4-33　GIS 设备转运工作流程

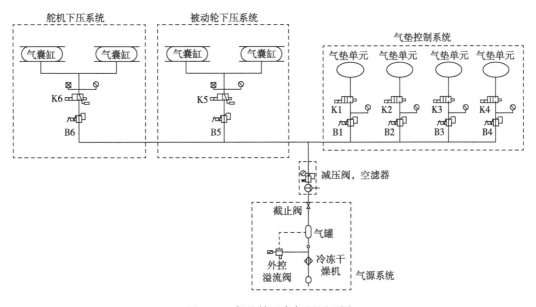

图 4-34　气垫转运车气压原理图

B1～B6—比例压力阀；K1～K6—开关阀

(2) 气压系统元件选型

受条件限制，室内变电站没有气源，气垫转运车正常工作时需要大量的高压空气，因此要为气垫转运车配置专用的空气压缩机。根据负载 20t 选择气垫单元，有：

$$4 \times \frac{\pi D^2}{4} \times p = F$$

式中 D——气垫单元的气囊直径；

　　　p——工作压力，一般为 0.5MPa；

　　　F——负载。

由式计算可得 D 为 398mm。

根据航空气垫单元样本手册，可以选择气垫型号 4K21NHDL，共 4 个，参数如表 4-1。根据总的耗气量 2880L/min，可以选择螺杆式空气压缩机，它的振动小、噪声低，参数如表 4-2。

表 4-1 气垫单元参数

名称	参数	名称	参数
承载/kg	7256	耗气量/(L·min⁻¹)	720
工作压力/bar	4.5	外形尺寸/mm	537×537×51
气垫直径/mm	533	净重/kg	11

注：1bar=0.1MPa。

表 4-2 螺杆式空气压缩机参数

名称	参数	名称	参数
主电机功率/kW	22	频率/Hz	50
工作压力/bar	12.5	供气量/(L·min⁻¹)	3000
电压/V	380		

影响气垫单元高压气膜形成的关键是比例阀的性能，德国 FESTO 的比例压力阀 VPPM 系列具有足够的响应时间和精度，图 4-35 为比例压力阀及其性能曲线。

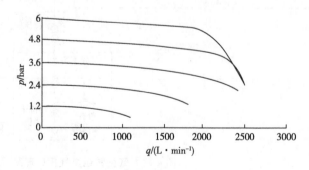

图 4-35 比例压力阀及其性能曲线

(3) 驱动系统设计和选型

当气垫单元压力增加时，气垫转运车和地面上覆盖着一层高压空气薄膜，并且摩擦力很小，通常人力就能推动。因此，选择电机驱动比国外气垫转运车选用的气动马达驱动更节能，无噪声，控制精度更高，灵活性更强。

$$F = \mu \cdot N$$

$$P = \frac{F \cdot V}{60}$$

$$n = \frac{V}{\pi \cdot D}$$

$$T = 9549 \cdot \frac{P}{n}$$

式中 F——驱动力，N；

    μ——气垫与地面摩擦系数，为 0.01；

   P ——驱动输出功率，W；

   N——正压力，为 200kN；

   V——最大行走速度，10m/min；

   n——驱动轮最大转速，r/min；

   D——驱动轮直径，180mm；

   T——驱动扭矩，N·m。

根据上式，所需的最大扭矩为 180N·m。选择了 2 个舵轮。根据现有产品，选用减速比为 70 的驱动轮。气垫转运车的座椅必须在进位时进行微调。因此，它可以在较低的转速下产生更大的扭矩。选用 750W 低压直流伺服电机，电机在低速时保持恒转矩，可满足气动驱动的需要。驱动装置不工作时，必须缩回车内；工作时，必须有足够的推力，压力必须足够。空气弹簧是不错的选择，不仅可根据不同的行程提供恒定的压力，而且具有减振效果。根据下式和空气弹簧手册也可选择空气弹簧，直径 250mm。驱动轮支架与回转支承内圈作为转子用螺栓牢固连接，回转支承外圈作为定子与气压机构连接。回转电机安装于驱动轮支架上，设计的驱动单元如图 4-36 所示。

$$F_1 = \frac{T}{D}$$

$$N_1 = \frac{F_1}{\mu_1}$$

$$D_1 = \sqrt{\frac{4(N_1 + F_2)}{\pi p_s}}$$

式中 F_1——单个驱动轮需要的摩擦力，N；

    μ_1——驱动轮与地面摩擦系数，为 0.3；

   D_1——气囊缸直径，mm；

   p_s——气源压力，0.6MPa；

   N_1——单个驱动轮需要的正压力，N；

   F_2——单个驱动轮压下需要克服的弹力，N。

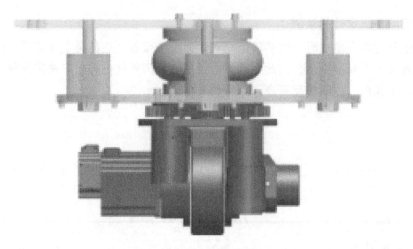

图 4-36　驱动单元

(4) 车体结构设计

车体结构主要配备了 SIG 装置，因此对结构刚度有一定的要求。根据 SIG 设备的特点，车体采用箱形梁结构，主承重梁上设置加强筋，保证足够的强度和刚度。基于优惠的成本、功能和强度，实现了轻量化设计。主机架如图 4-37 所示，材质为 Q235。采用 ANASYS 仿真软件，利用结构化网格分析极端条件下的有限元强度，结果如图 4-38 所示，最大应力为 68MPa，低于材料弹性极限 235MPa，最大变形为 0.4 mm，表明结构设计合理，强度和刚度满足最高负载条件下的要求。

图 4-37　主体框架

(5) 控制系统设计

气垫单元与地面之间形成高压气膜是气垫转运车正常运行的必要条件，因此实现了空气的气膜控制方法。比例压力阀根据气垫单元的压力控制高压气膜厚度，由于气垫转运车载荷不稳定，不能检测到压力自动调节所有地理信息系统设备。距离传感器用于闭环反馈调谐，控制系统如图 4-39 所示。气垫定位系统由同步电机驱动丝杠驱动，直线

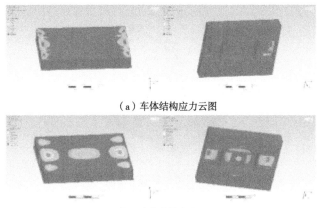

（a）车体结构应力云图

（b）车体结构应变云图

图 4-38　有限元分析应力应变云图

滑块带动气垫调整位置，其控制图为图 4-40，实物图为图 4-41。滑轮系统由 200W 伺服电机驱动，所有控制器均采用西门子 S7-SMART CPU ST60 和 EM AE08、EM AQ04 扩展模块。

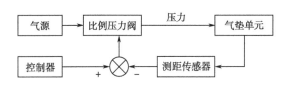

图 4-39　气垫单元控制系统

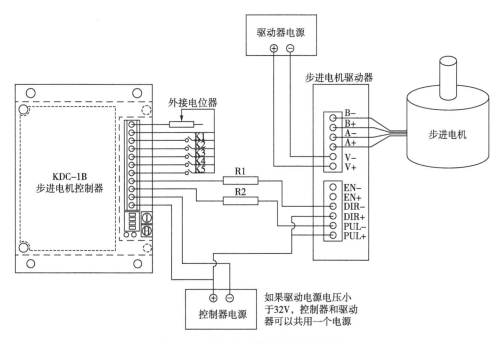

图 4-40　气垫位置调节系统控制原理

123

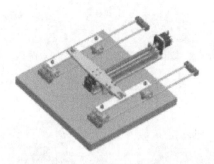

图 4-41　气垫位置调节系统实物

(6) 总体集成

气垫转运车将所有组件组合在一起，拆卸空气弹簧时，变速器的飞轮和辅助轮应尽量缩回车内，以保证吊放时车身支撑地理信息系统装置。确保功能符合要求，并考虑工艺的美学设计。总体外观如图 4-42 所示，构造如图 4-43 所示。

图 4-42　气垫转运车外形图

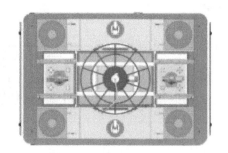

图 4-43　气垫转运车构造图

气垫单元承载力大以及伺服电机低速转矩大、体积小并且控制灵活的特点使其可以服务于气垫转运车，一体化后可重载全向移动，未来定能在室内重型设备的转运方面起到重要作用[44]。

4.2　某款蛋产品包装机的设计案例解析

4.2.1　设计纲要与头脑风暴

通过秸秆材料鸡蛋包装的成形参数、设备设计，得出可批量生产秸秆材料鸡蛋包装的加工设备，并通过设备实现秸秆粗碎料在鸡蛋包装上的应用和秸秆材料鸡蛋包装批量化生产，最终完成秸秆材料利用方式的拓展，以及秸秆材料鸡蛋包装的市场化。

其中秸秆鸡蛋包装量产的实验研究内容分为包装成形研究、设备机构流程设计（见图 4-44）以及设备人机、外观、logo 设计等部分。通过材料选取、控制变量实验研究得出简单粉碎处理后的秸秆材料的更优成形方案，通过完整的流程设计实现流程化批量生产，再结合外观、人机等设计提高设备操作效率和操作舒适性，最后进行样机组件加工、组装调试、样品试制以及样品效果校验，最后得出优化后的加工设备，并结合成本、收益及秸秆利用量分析包装的市场价值。

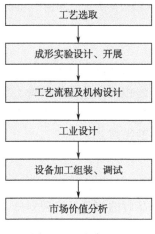

图 4-44　设计纲要

4.2.2　设计要素与创新点

(1) 秸秆鸡蛋包装的市场化

本课题通过设备设计与制造实现了秸秆经简单预处理后在鸡蛋包装中的应用，满足了秸秆鸡蛋包装的产能、收益、环保推广等要求，实现了秸秆鸡蛋包装市场化的基本目标。

(2) 结合专业知识的设备优化

本课题结合外观设计、人机工程学等相关知识，优化了课题中的设备，提高了其对使用环境的适应性、匹配程度以及操作的舒适性和高效性。

4.2.3　装备结构剖析与再布局

机械设备设计活动的开展以及完成，最终都是以结构作为结果呈现，所得的设备产品是通过结构的加工、组装实现的。设备设计不只单纯考虑加工需求的实现，还需要遵循多方面的设计准则与规范，如设计顺序、流程效率、结构适用、模块化维修、环保、成本、体量、拆解、外观及人机交互等。综合设备机械设计准则如下：

(1) 明确设备预期生产目标需求准则

明确生产需求是设备设计的前提，其对应着明确设备功能模块、集中与分配，进而确定功能实现所适用的结构、零部件及其连接方式，以保证结构满足设备总体要求、流程设计高效、功能分解以及零部件复杂程度的合理性。

（2）设计顺序准则

在进行设备设计时，应先进行内部机械结构设计，保证设备的目标功能实现，然后再进行外观、人机方面的设计。错误的设计顺序会导致预期外部设计与内部结构无法匹配，即设备外观尺寸等无法满足结构所需空间，最终导致前期的外观尺寸等设计方案无效。

（3）结构受力适用准则

实现结构受力适用是设备落地的基础，是保证设计方案实施时设备运行及使用寿命的关键所在。根据制品加工所需的相关参数计算结构、零部件所需受力参数，从而确定设备选用及加工的零部件的最低参数要求，避免因受力参数上限不满足要求而导致设备运行无法实现以及结构、零部件的损坏。

（4）模块化流程设计准则

明确功能需求后，需要对设备功能进行拆解、模块化整合流程设计。通过分析所包含的细分功能，规划设备加工产品时的流程及流程划分，然后根据每个流程进行模块化的结构设计，进而实现设备运行加工流程高效率和装配、拆解、维修的可操作性。

（5）外观及人机设计准则

目前已有的机械设备中，存在大量因外观配色不当、人机操作不便等问题干扰而导致的设备使用、销售效果不佳的现象。设备的第一眼效果往往会生成长期印象，即使设备功能十分完美，设备与使用环境的不匹配、操作的不舒适也会造成设备的使用评价低的情况。因此，完成设备内部结构设计、功能需求实现后，要充分考虑设备所处环境、开关等操作动作的人机工程合理性，对设备配色、人机尺寸进行合理设计，达到设备与环境高度匹配、操作舒适的效果。

4.2.4　设计流程

基于以上设备设计的五个准则，首先要对设备进行功能确定以及拆解，从而对设备的功能模块划分、流程设置做出适用于实现秸秆材料鸡蛋包装量产的合理设计。

实现秸秆材料鸡蛋包装生产目标包含四大功能模块，分别是物料供给、胶水混合足量且均匀、施压成形以及成品脱模。因此设备的运行流程设置必须与四个功能模块相匹配，即设备运行流程为给料、施胶、施压成形、脱模四个子流程。

此外，四个子流程在运行时，如果以单流程逐步进行加工，存在三个流程闲置，这样会大大降低加工生产效率。考虑实现量产所包含的高效加工，设备运行时要保证给料、施胶、施压成形、脱模四个流程同时工作。

综上所述，基于全流程自动化批量产出的设计目标和电机驱动、机构传动施压的工艺选择，设备运行流程分为给料、施胶、施压成形、脱模四个子流程，且为环形分布，对应环形四分点，底部设置包含四个物料仓的环形底盘。电机启动后通过传动机构带动施胶、施压成形、脱模三个流程部件的垂直行进以及底部物料仓的转动，配合实现四个流程同步运行。

4.2.5 模块机构设计及数字建模

如图 4-45 所示，设备的主要运动为水平方向上的转动和垂直方向上的上下行进，即底部物料仓所在环形底盘的转动，以及施胶、施压成形、脱模部件的上下行进运动。垂直行进的各部件同步同距向下行进，完成各自操作后，再同步同距向上行进离开物料仓并退回至初始位置，同时，当垂直行进的各部件离开物料仓时，底盘转动 90°以实现流程的切换。通过蜗杆、蜗轮及伞齿轮实现电机带动各部件的传动，利用直线轴承实现施胶、施压成形以及脱模各部件的同步、同距垂直行进，利用槽轮带动物料仓所处环形底盘的转动。

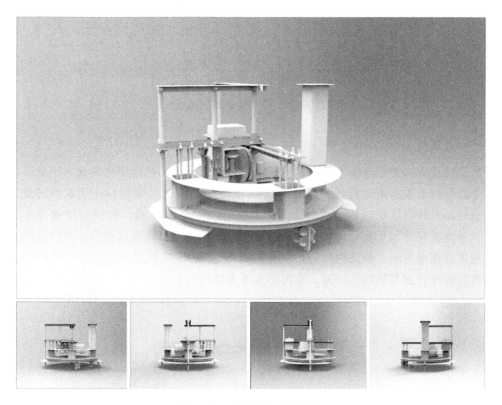

图 4-45　设备模块机构设计

(1) 驱动、传动模块

设备采用电机驱动。由于电机转速过高，直接使用会导致各流程周期过短，而无法完成有效加工，因此需要通过减速器来降低驱动件对传动部件的输出转速。减速器与主动伞齿轮连接，主动伞齿轮与一个从动伞齿轮连接，同时该从动伞齿轮与另一个从动伞齿轮连接，实现两个分支传动。两个伞齿轮中，一个通过轴与槽轮机构连接，带动物料仓所在环形底盘转动；另一个则通过轴与曲柄机构连接，带动曲柄转动，从而实现施胶、施压成形、脱模部件的上下行进运动。驱动、传动机构整体配合如图 4-46 所示。

图 4-46　驱动、传动机构整体配合

(2) 给料模块

　　由于秸秆碎料为柔软短丝状态，可利用其自身重力下沉掉落至物料仓，因此，圆环的一个四分点上方放置储料区，如图 4-47 所示，通过槽轮实现物料仓间歇性转动，当物料仓转动至储料区所在四分点位置时，储料区与物料仓接通，物料自动掉落至物料仓。当各流程完成加工后，物料仓所在环形底盘开始转动，转动过程中，物料仓所在环形底盘顶部逐渐封闭，填满物料的物料仓。转动 90° 后，完成脱模流程的物料仓再次回到储料区所在位置与储料区接通，物料再次落入物料仓。

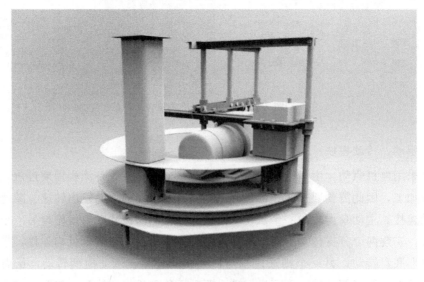

图 4-47　给料模块

(3) 施胶模块

由于秸秆碎丝易与胶水混合结团，常用的直接搅拌设备在对物料进行施胶时会因为胶水覆盖不均匀导致按适用值定量施胶后胶水无法均匀覆盖物料，且搅拌施胶后的胶水在转移、施压成形等过程中容易与设备零部件粘连，所以设备不适用搅拌的施胶方式。

如图 4-48 所示，设备采用气压配合针头的插入式施胶方式，针头均匀排布在储胶箱底部，储胶箱固定在连有直线轴承的横杆上，实现储胶箱、针头与其他子流程部件的同步同距垂直行进。储胶箱上部设置接口，连接外置气压设备，调整施压值实现加压胶水注入。外置气压设备可放置于设备底部空间内，在不影响有用空间的情况下避免增加设备整体的空间占用。

图 4-48　施胶模块

通过行程开关、电磁阀、加压泵、空压机配合实现间歇性定时注胶，以满足施胶完成后物料向下一流程的传递以及未施胶物料进入施胶流程后的施胶过程中的时间控制要求。

在针头插入物料的过程中，向储胶箱施加指定的气压以实现胶水的注入，通过针头的均匀密集排布以及胶水的渗透性，实现均匀施胶。由于施胶过程发生在针头插入物料的阶段，在采用这种施胶方式时，可以避免物料与所接触的其他零部件的粘连。

(4) 施压成形模块

如图 4-49 所示，在施胶完成后，对应的物料仓转至施压成形部件所处位置，上模具利用螺杆与连有直线轴承的横杆连接固定，通过上模具的垂直行进，完成施压成形。

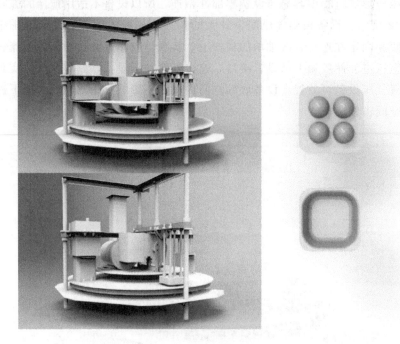

图 4-49　施压成形模块

模具表面特征参数设置与包装的尺寸相匹配，由于在注胶环节中，有可能出现针头离开物料后有少量胶水滴落在物料表面，未能避免上模具在完成施压成形后向上行进时与物料粘连，故将蛋坑面成形模具设置为下模具。

(5) 脱模模块

脱模机构零部件及整体配合如图 4-50 所示。完成施压成形后，想要自动脱模就必须使物料仓底面处于打开状态，因此，下模具利用活页与物料仓所在环形底盘连接，并将设备底盘位于脱模的区域设置缺口。当成形完成后，物料仓所在环形底盘转动过程中，下模具运动到底盘缺口处，受其自身重力作用向下旋转至垂直状态，从而打开物料仓底部。

由于受力挤压，物料与物料仓内壁存在相互作用力，导致成品在物料仓底部打开后也无法自然脱落，因此设置了推板，从上向下将包装推出物料仓。推板同样利用螺杆与连有直线轴承的横杆连接，实现与其他部件的同步同距垂直行进。

下模具底部连接滚珠，避免在物料仓所在环形底盘与设备底盘形成大面积的直接摩擦。在完成脱模后，下模具必须完成复位，封闭物料仓底部开口，才能完成其他流程的操作。因此，在设备底盘缺口处设置弧形挡板，在物料仓所在环形底盘转动过程中，保证下模具底部滚珠接触弧形挡板后慢慢向上复位。

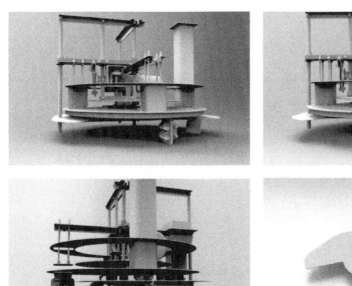
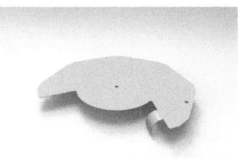

图 4-50　脱模模块

(6) 物料仓环形底盘模块

如图 4-51 所示，物料仓共有四个，分布于环形底盘四分点处。物料仓截面尺寸与鸡蛋包装尺寸一致，通过物料仓的高度控制每次给料量。基于前期实验所得，生产单个包装所需物料为 80g，且在未受压的情况下 80g 秸秆碎料所需物料仓高度在 140～150mm，因此物料仓高度设置为 150mm。

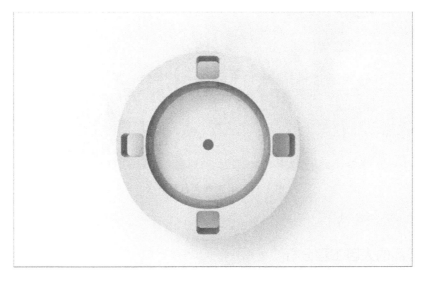

图 4-51

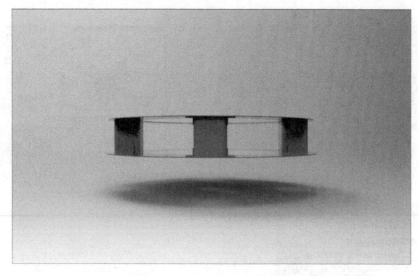

图 4-51　物料仓环形底盘模块

　　槽轮带动物料仓所在环形底盘间歇性 90°转动，实现流程的递进以及垂直行进部件完成离开物料仓运动后环形底盘的交接转动。

　　（7）开关集成

　　设备包含三个开关，分别是电机开关、电磁阀开关、空压机开关，电磁阀和行程开关如图 4-52 所示。为方便操作，将三个开关集成到一个线路，设置总控开关。上述三个开关作为子开关且默认线路处于闭合状态，设备运行控制只需控制总控开关即可。

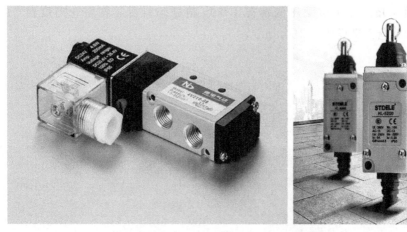

图 4-52　电磁阀和行程开关

4.2.6　产品的人因工程分析

　　人机尺寸设计合理是实现舒适、安全、高效生产的重要条件之一。在机械结构、工艺流程设计的基础上，结合人机工程学相关参数对设备的总体体量进行匹配设计，使设备更加贴合操作人员的生理、安全需求，提高设备的实用性和适用性。

在站立操作的过程中，取中国成年男子第 50 百分位数据，其对应的平俯视最佳观察范围为视平线以下 65°，如图 4-53 所示。平俯视最大范围可超过 180°，但满足舒适且清晰观察的平俯视视野范围为视平线以下 65°。

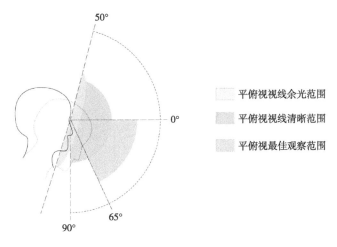

图 4-53　平俯视视线垂直范围

除了垂直的合理视野范围，在实现高度为 162.5cm 的基础上，水平方向人的视野范围也需要合理考量。人的双眼视区为视野中线左右 62°，应当将操作区域设立在双眼视野范围之内，以实现高效的操作。如图 4-54 所示，单眼视野最大范围为 156°~166°，而双眼视野最大范围为 124°，要保证操作区域处于双眼视区内，可使双眼同时识别操作按键等位置所在，提高识别速度。

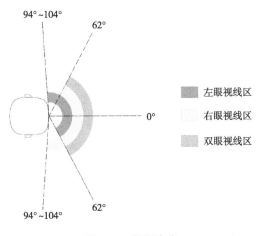

图 4-54　视野宽度

此外，操作区域的离地高度也要保证在合理范围，如图 4-55、图 4-56 所示。取中国成年男子第 5 百分位数据，操作区域所处水平面离地高度 110～165cm 为舒适操作高度，水平单手操作正常半径为 39.4cm，最大半径为 50.8cm。最大操作区域半径比正常半径长 11.4cm，使得最大操作区域超出正常操作区域的面积是很可观的，但是在实现这一区域的操作时往往需要操作人员进行弯腰、侧倾动作，会增加操作反应时间，导致操作效率降低；若是频繁操作，还会使操作人员产生生理疲劳。

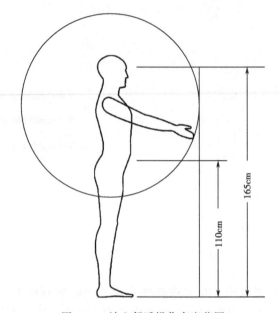

图 4-55　站立舒适操作高度范围

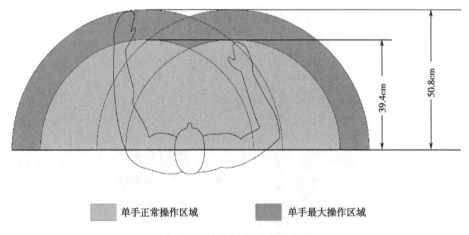

■ 单手正常操作区域　　　　　　　　■ 单手最大操作区域

图 4-56　站立操作区水平范围

基于以上人机参数，在满足设备机构装配运行的基础上对设备的人机尺寸进行细化设计。如图 4-57、图 4-58 所示。设备操作区域最大深度为 31.4cm，操作范围最宽半边宽度为轴线右侧 25.5cm，开关操作高度为 130cm，补料操作高度为 152cm。设备的高度、操作区域高度在满足机构容量需求的基础上，将其设置在生产操作中满足舒适、高效操作的合理操作高度内，操作区域也在视野、水平操作合理人机数据范围内。如图4-59所示，已知正常单手操作半径和视线高度，通过反三角函数可计算得出站立正常操作时，垂直视野夹角 θ 约为39.4°，在平俯视最佳观察视角范围内。

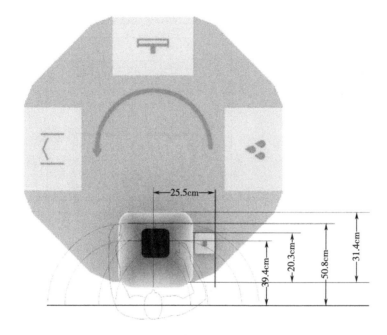

图 4-57　设备操作区水平范围

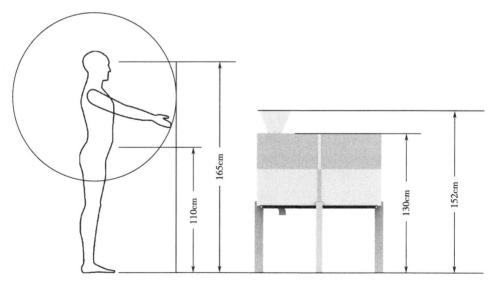

图 4-58　设备操作区高度

综合设备机构容纳、人机合理尺寸，确定了设备的外观及尺寸方案，如图4-59所示。设备总高度1520mm，给料口高为220mm，按键平面所在高度为1300mm，容纳机构的箱体高度为673mm，给料口顶部长宽均为290mm，俯视面八边形对边距为1120mm。

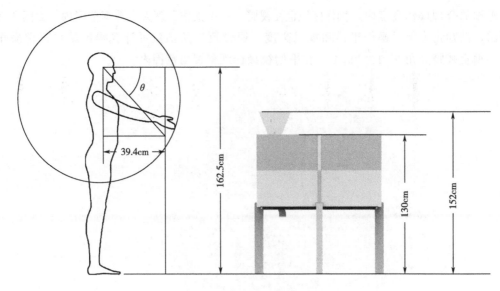

图 4-59　设备操作区视野夹角

4.2.7　生产加工工艺选择与表面涂装

外观是产品使用流程的开始，设备最基本的功能是作为加工生产的实现手段，但同时也是市场需求中的消费品，因此设备外观的美观、实用也是设备设计的重要内容。经过长期的发展积累，设备外观设计也是有据可循的。

(1) 形态与尺寸

首先，设备的形态要满足内部结构流程的空间需求，才能实现设备的加工、组装和运行。同时，设备需要尽量减少无用空间的体量，从而降低设备的空间占用以及制造成本。

其次，设备的形态要包含对设备运行操作的引导性，如形态展现流程循环路径、开关把手标志可操作模块等。

此外，设备根据其风格定位，可利用点、线、面对设备软硬风格进行表现，满足特定定位产品的审美需求。

(2) 色彩

基于三原色可将色彩数字化细分出众多范围，根据不同定位、不同用户、不同环境选取的适用色彩也存在巨大差异，但是色彩在设备上的表现均是以点、线、面作为展现载体。根据载体适用的审美、实用需求，对色彩的选取、分布进行设计。

① 面。作为占比最大的色彩表现载体，可针对设备的使用场景进行选取，如与场景色匹配、满足场景耐脏需求等。

② 线。相比于面而言，线的占比要小很多，但在对整体配色面载体色彩的对比点缀、操作标识指向等方面也会有选色因素的考量。

③ 点。作为占比最小的载体，点载体通常对应的是开关、指示灯等部件，因此其最大的考量因素是与整体色的区分度，以满足快速位置识别、功能操控指示等需求。

(3) 人机交互

人机交互是设备操控舒适性、高效性的对应设计元素。根据人机工程学中的各项参数优化设备尺寸，进而满足操作人员在生产过程中展开各项操作的舒适感与操作的高效性。

4.2.8　方案设计与优化

基于设计理论对设备外观进行方案设计，由于设备的流程呈环形分布，因此利用圆与正多边形对设备箱体进行草图方案演化，如图 4-60。

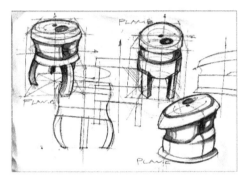
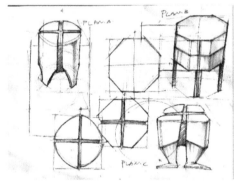

图 4-60　方案草图

方案一，基于圆柱形态对外观进行草图演化。由于圆柱形态较为单调，因此，利用箱体分层化，采用中部内陷的夹心式壳体设计，并在四个流程对应的四分点位置使用区分色条，突出流程所在位置。箱体搭配四根顶部带斜角的支撑柱，支撑柱上表面对应箱体下层高度中点位置，与箱体呈咬合状态。顶部进料口边缘与箱体形态保持一致，使用圆形进料口。

方案二，基于八边形形态对外观进行草图演化。八边形棱柱视觉效果较为硬朗，但如果使用整体一色的色彩搭配会让箱体在视觉上显得过高，因此使用上下异色的方式将设备箱体一分为二，增加其层次感。为使进料口与支撑柱形态与箱体形态更加契合，支撑柱设计为棱柱的形状，同样将高度提至超过箱体底面的位置，形成咬合状态，进料口截面线条则采用圆角矩形线条。为凸显四个流程所在位置，在八边形棱柱的对应面使用区分色条，同样使用上下异色的色彩搭配，且上下区分色条的色彩与箱体上下层颜色搭配相反。

如图 4-61 所示，基于环境、功能指示、导向等需求对设备外观进行了色彩、图标等方面的草图筛选、细化设计，以达到适应环境、高效操作的效果。

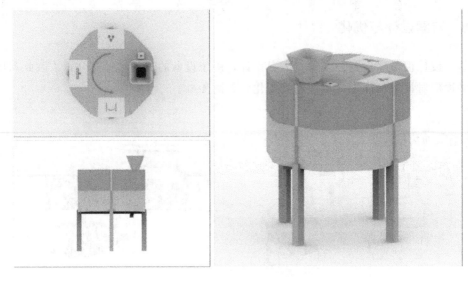

图 4-61　外观方案效果图

（1）整体外形

由于设备流程呈环形分布，从设备内部空间利用率的角度出发，将设备容纳各机构的部分的整体外形设计为圆柱状是最理想的效果，但设备在所处环境中的空间占用仍然会存在外部边角的空间浪费，环形外壳钣金加工成本、加工设备要求也更高，且圆柱状外形不易凸显设备的硬朗风格，因此将设备容纳各机构部分的外壳设计为八边形棱柱。在满足内部机构容纳需求的基础上，设定棱柱对边距离为 1120mm。

此外，四个子流程中，除了给料流程外，其他三个流程在运行过程中如果出现问题，可能需要停机观察，如胶水用完进行补胶、零部件出现故障等，因此，在设备顶部对应施胶、施压成形、脱模三个流程所处位置上设立窗口活页面板。在需要观察、操作时，可将面板打开，进行相应的观察以及操作。

箱体支承上，实际加工中机构受力主要是施胶、施压成形两个流程，理论上三脚支承即可满足需求，但考虑设备的支承稳定性以及外观效果，设备采用四脚支承，分别对应四个流程所在的八边形边中点。

（2）标识、导向

利用点、线元素，完成设备所需的标识、导向需求设计，在设备顶部面板空白区域添加环形箭头指示，表明设备流程的递进方向，同时在施胶、施压成形、脱模三个流程的窗口活页面板上添加对应的标志。箭头导向与功能标志共同配合，操作人员可以快速直观地了解设备流程的关系以及所处位置，在需要进行各类操作时可快速识别区域，进而明确、高效地操作。

此外，在设备正常运行的情况下，操作者只需要进行开关、给料操作，因此将设备电源开关设在进料口右侧，将主要操作整合到同一区域，便于操作人员在同一位置完成所需操作。

(3) 色彩

在配色上，由于所处环境长期使用秸秆碎料，难以避免粉尘的存在，所以设备上很容易产生粉尘堆积，所以设备不可使用常用的黑色、白色等色彩，并且不能使用亮光面板。因此，设备的点、线、面元素色彩搭配使用灰色和与秸秆色相近的橙黄色。此外，通过导向标识、按键开关的点、线元素色彩与面板色进行区分设计，以实现操作键、标识的较高识别度，达到快速识别、高效操作的目标。最终确认色号为 Pantone Cool Gray 1 U、Pantone Cool Gray 3 U、Pantone 804 U、Pantone Orange 021 U。

同样是为了提高设备面板的耐脏度，在无法避免粉尘堆积的情况下，设备使用哑光面板，隐化灰尘与面板的视觉差，避免亮面效果将粉尘的堆积凸显。

4.2.9　样机生产与参展要求

4.2.9.1　零部件加工

基于前期理论设计工作中的相关图纸，确认非标准零部件数量。利用磨床、车床、铣床、线切割、数控铣床等设备完成了设备零部件中非标准件的加工，如图 4-62 所示。

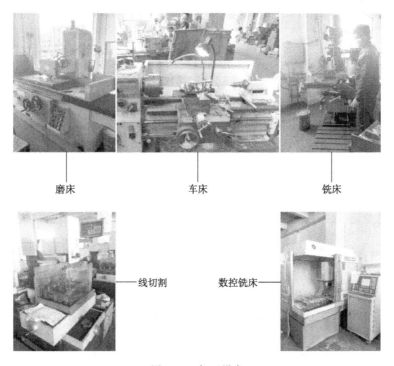

图 4-62　加工设备

139

如图 4-63 所示，完成所有部件加工、采购后得到 239 个零部件及设备组件，其中不包含螺栓、螺母等固定用件。其中，140 根针头为 155mm 长度，由于在向下行进过程中，下模的上表面是四个半椭球形状，且针头为平头，不利于插入材料，需要对针头进行打磨。此外，为避免胶水渗漏到模具上，针头尖部与下模半椭球表面要有 5mm 高度差。针头长度参数如表 4-3 所示，根据长度等要求对针头进行打磨。

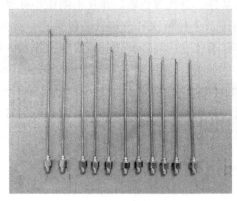

图 4-63　零部件成品

表 4-3　针头尺寸

针头总长度	数量	针头总长度	数量
123mm	4	136mm	8
125mm	8	140.5mm	16
126.5mm	8	143mm	8
128mm	4	147.5mm	8
129mm	8	155mm	64
131mm	4		

气压注胶部分如图 4-64 所示，针头装配在胶箱底部螺纹孔上，胶箱上部螺纹孔连接外接气压设备，通过调整气压值控制合理的施胶量。同时，在气压设备出气口接入电磁阀，电磁阀与行程开关连接，通过控制行程开关位置，实现当针头接触物料时电磁阀打开出气口进行施压注胶，针头离开物料时电磁阀关闭出气口停止注胶的操作。

4.2.9.2　组装调试

(1) 机构组装

如图 4-65 所示，在对所有机构零部件检查完成后，开始设备机构的组装，首先对下模、轴承等固定零部件进行焊接。紧固件焊接完成后，对设备的底盘、槽轮、电机盘、电机、减速器、伞齿轮、曲柄机构、各垂直行进机构以及开关依次进行组装，得到设备内部机构完整的装配体。

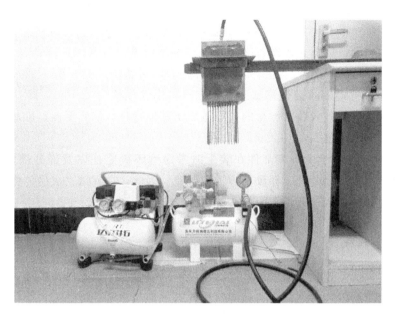

图 4-64　气压注胶组件装配

图 4-65　设备组装

（2）调试

① 槽轮机构。装配完机构后，试运行设备，运行过程中，物料仓所在环形底盘转动异常。装配时采用的是槽轮从动轮四个槽口与四个加工流程对应底盘四分点同向方案，主动轮圆柱销处于从动轮槽口外部。

分析后发现，装配采用该方案在运行时，主动轮圆柱销在转动过程中首先接触的是从动轮的弧形边，导致圆柱销无法进入从动轮槽口，导致转动有效期缩短，且转动不畅。对应的解决方案为将从动轮装配定向改为四个弧形边中点与四个流程所在四分点同向，保证主动轮圆柱销顺利进入从动轮槽口，保证机构按照设定的有效转动周期顺利转动。

② 螺栓。在完成槽轮机构调整后，再次试运行时，由于曲柄法兰与曲柄的固定螺栓选用的是 40mm 长度，导致在运转过程中螺栓与其边侧的轴发生摩擦，长期运转会导致轴表面发生损坏。因此，改用长度为 30mm 的螺栓进行固定。

③ 气压值确认。基于物料量、施胶量的值确认制品质量为 240g，通过调整气压值进行试制，并对所得制品进行称重。以此方法得出气压值为 7.5bar，即 0.75MPa。气压值是根据采用的物料及胶水测得的，不适用于其他物料，如有更换，可通过对制品效果的观察，调整气压值。

④ 表面处理。由于设备零部件在装配时考虑到不确定性以及部分部件需要焊接，没有对零部件进行表面处理，导致其防锈性较差。因此，在调试完成后，将零部件拆解进行表面镀镍处理，以保证设备的长久使用。

4.2.9.3 试制校验

在完成设备组装调整后对设备进行包装试制，所得制品包装尺寸满足设计要求。由于施胶过程发生在针头进入物料后，因此包装表面秸秆碎丝没有粘连，通过抖动或者吹风即可去除，去除未粘物料后包装尺寸没有发生太大变化，且包装表面呈毛绒状，柔软且不掉渣，提升了其材质的表现。

包装材料与鸡蛋品质特点形成呼应，可通过封条图案设计展示其产地、营养价值等介绍元素，提升包装的效果，形成不同区域的不同品牌效应，包装效果如图 4-66 所示。

图 4-66　制品效果

5

未来的装备类产品设计方向

5.1 大数据在装备类产品中的应用

5.1.1 数字孪生技术在工业 4.0 中的角色

随着工业技术以及新一代信息技术的迅速发展，航空航天、工业制造等各领域的装备日趋复杂，如无人机、卫星、工业机器人、风力发电机等，典型复杂装备的集成化、智能化程度不断提高，其设计、研制、测试、运行、维护等寿命周期成本大幅度增加。同时，由于装备的复杂性，故障、性能退化以及功能失效发生的概率大大增加，因此，复杂装备的状态评估与预测逐渐成为研究的焦点。针对复杂装备运行的可靠性、经济性等问题，故障预测和健康管理（PHM）获得越来越多的关注，并逐渐发展为复杂装备自主式后勤保障的重要技术基础。针对在线运行的状态监测、异常检测、故障诊断、退化和寿命预测、系统健康管理等成为当下的研究热点方向和领域。由于传感技术与物联网技术的发展，以及复杂装备运行环境的动态变化，装备监测数据量倍增，并呈现高速、多源异构、易变等典型工业大数据特点。然而，当前 PHM 相关体系及关键技术研究，主要由装备在已知理想运行状态下的监测数据所驱动，难以满足复杂装备在动态多变运行环境下实时状态评估与预测的精度及适应性需求。

数字孪生技术（DT）的出现以及迅速发展为解决上述问题提供了新的思路。

5.1.1.1 数字孪生的定义

虽然数字孪生的概念早就被提出了，但围绕数字孪生的定义仍在不断发展。DT 的概念可以追溯到 1969 年美国"阿波罗"项目；在 2003 年，格里夫斯在密歇根大学的产品生命周期管理（PLM）演讲正式提出 DT 概念。DT 最初是由 NASA 定义的——"充分利用物理模型、传感器更新和操作历史数据，集成多学科、多物理、多尺度和多概率模拟过程，以完成虚拟空间中的映射。"数字孪生最初提出是为了能够预测车辆的寿命，在后续的研究工作中，逐步引入了全生命周期、任务需求检测、预测或故障诊断等概念。数字孪生具有以下特点。

（1）实时映射

数字孪生中有两个空间，物理空间和虚拟空间。虚拟空间必须与物理空间高度同步和逼近。

（2）互动与趋同

数字孪生是整个过程、所有元素和所有服务的融合。在物理空间中，每个阶段产生的数据可以相互连接。同时，历史数据和实时数据也可以进行交互和合并。得益于物理空间和虚拟空间之间的平滑连接通道，使它们可以轻松地进行交互。

（3）自我进化

数字孪生可以随时更新数据，通过虚拟空间与物理空间的对比，不断完善虚拟模型。

尽管数字孪生概念是最近才出现的，但它已被用于不同的部门，并与多个领域联系在一起。

数字孪生技术近年来在智能制造的诸多领域得到了广泛的发展。如图 5-1 所示。

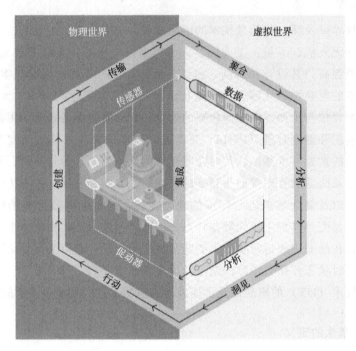

图 5-1　数字孪生

5.1.1.2　数字孪生在设备全生命周期中的应用

数字孪生技术对于设备、产品的设计、加工和制造都非常重要。它们是实现设备特定功能、保证设备可靠性的重要依据，是维护设备运行的基础，可以对设备进行准确的故障预警和维护，并进一步提高设备的使用效率，优化全寿命周期成本。近年来，数字孪生技术在设备全生命周期中的应用突飞猛进，为船舶设备的数字化设计、智能化处理、故障预警和维护提供了有力支持。

（1）数字孪生技术在产品设计中的应用

产品设计是数字孪生技术应用于智能制造的第一步。数字孪生技术的使用可以缩短产品的设计周期，特别是周期长、成本高的大型船舶设备或平台设计。随着舰船装备或平台功能的不断发展，传统的设计方法已难以适应其设计需求。为了给用户提供更好的设计服务，人们对数字孪生在产品设计中的应用进行了研究。例如，在功能制定阶段，Cheng J. 提出了一种系统的特征推荐方法，在信息泛滥的背景下充分利用信息，帮助终端用户更好地了解自己的需求。陶飞等提出了几种基于数字孪生技术的产品设计方法。例如，基于产品生命周期大数据管理，生成并整合的网络数据可以更好地服务于产品生命周期，促进产品设计；同时，提出了一种利用数字孪生技术驱动产品设计的方法，开发了数字孪生驱动产品设计框架（DTPD），可作为生产系统架构中对数字孪生的参考。庄存波讨论了数字孪生在产品设计中的应用，提出了一种基于数字孪生的复杂产品装配车间智能生产管理与控制方法框架，并阐述了框架所需的四项核心技术。Schleich B. 等人提出了基于概念的综合参考模型，解决了模型的概念化、表示、实现和产品生命周期等问题。

（2）数字孪生在制造业中的应用

传统的制造系统依靠制造执行系统等来感知实时生产数据，监控生产状态，如进度、质量、工作量等，而后续的异常或错误处理则依靠人工监督和重构。这种集中式的方法效率很低，例如汽轮机组，其加工精度极高，零件的加工中稍有缺陷就会导致整个零件报废，这对机组的加工装配全过程提出了很高的要求。智能生产技术主要是实现对车间或工厂生产资源的有效管理，从而提高生产效率，提高产品质量，降低生产成本。数字孪生能够描述生产过程和产品性能，通过同步物理和虚拟空间，操作人员可以通过数字孪生监控复杂的生产过程，并及时调整和优化流程。Zhao P. 等描述了一种制造过程中建立数字孪生过程模型（DTPM）的方法以及该数字孪生过程模型的数据内容，讨论了实时数据获取和仿真数据管理的方法。他们提出了一种处理多源异构数据的层次模型和映射策略，用于物理和虚拟空间中的数据融合，作为生成数字孪生数据的方法，并分析了 DTPM 在流程设计中的作用，用于指导和可视化。陶飞等人在数字孪生的基础上提出了数字孪生车间（DTS）的新概念，并讨论了其四个关键组成部分：物理车间、虚拟车间、车间服务系统和车间数字孪生数据，研究了数字孪生车间的运行机制和实现方法、数字孪生车间的关键技术和挑战等，为企业实现数字化双车间提供参考。Wang Y. 等人介绍了数字孪生的虚拟融合技术，将调度过程中的信息和逻辑集成在一起，作为基于制造执行系统的生产调度机制的一部分，提高了车间生产调度系统的整体性能，为数字孪生在生产车间的应用提供了参考。张等人研究了产品制造数字双系统（PMDT）的生产阶段智能商店，并在此基础上，提出了一种新的生产系统架构（CPS），还讨论了使用其作业调度在生产系统架构正常操作中的可能性。

（3）数字孪生技术在设备生产指标优化中的应用

设备生命周期工程是一个迭代过程，在设备生命周期的任何阶段都要收集、处理和使用大量的数据。数字孪生技术可以将大数据分析的价值与设备全生命周期的实际价值进行比较和分析，在此基础上，可以在每个阶段优化设备的整个生命周期。Zhang H. 等建立了包含计算系统和仿真平台的生产线多目标优化数字孪生模型。Lynn 等人提出了一个基于生产系统架构的制造系统来实现过程控制和优化。Luo W. 等人建立了多领域统一建模方法，对数控机床进行研究，使机床更加智能化，同时优化操作模式，降低机床突发故障的概率，提高数控机床的稳定性。

（4）数字孪生技术在设备故障预警与维护中的应用

随着数字孪生技术的应用，通过读取设备传感器或控制系统的实时参数，可以建立可视化的远程监控模型，分析设备的状态并给出及时的预警，还可以给出相应的维护策略。数字孪生提供了一种综合的方法来整合和解释物理知识和数据测量，而不是仅仅依靠传感器数据来检测，除此以外，还可以模拟典型失效模式的机理，并分析其根本原因，以预测过程的演变。Wang J. 等人提出旋转机械故障诊断的数字孪生参考模型，讨论了构建数字孪生模型的要求，提出基于参数敏感性分析的模型修正方案，以增强模型的适应性。Sivalingam 等人开发了一个数字孪生模型，用于预测风力变流器的剩余使用寿命和损伤积累。Soares 等人开发了多效蒸发装置的数字孪生技术，并成功地在实际工业安装中实现。该系统基于简单的全自动化基础设施操作，不需要大量的资本支出，同时提供重要流程的预测。Seshadri 等人通过集成传感器数据、输入数据和虚拟数据来描述物理对象，并诊断损伤大小、位置和其他故障等信息。Bazilevs 等人开发了疲劳损伤预测的数字孪生框架，结合了物理和传感器数据，从而提高了预测的准确性。Saikumar 等人开发并证明了一个用于预测疲劳裂纹从出现到失效的多尺度、非确定性数值孪生框架，成功地将基于微观结构的疲劳裂纹扩展概率模型扩展到疲劳寿命的全概率预测。Patrick 等人在 Saikumar 方法的基础上提出了一种减少疲劳寿命预测不确定性的通用方法，使数字孪生法具有较高的预测精度，证实了数字孪生法在疲劳寿命预测中的可行性。Zakrajsek 等人建立了预测轮胎接触磨损和失效概率的数字孪生模型，与传统模型相比，数字孪生模型在预测不同下沉速率、偏航角和速度下的失效概率方面具有许多优势。Luo W. 等人提出了数控机床数字孪生多领域统一建模方法，利用传感器系统、数字孪生机床描述模型、算法模型和映射模型实现精确仿真、自感知、自调整、自预测和自评估。Krishnan 等人通过在 MATLAB/SIMULINK 中创建智能数字孪生（IDT）实现了永磁同步电机的健康监测和预测。Reifsnider 在多物理量模拟的基础上建立了高保真数字孪生模型，可用于无损检测。Aivaliotis 等人提出了一种计算机械设备剩余使用寿命的方法，使用基于物理的仿真模型和数字孪生概念，实现设备的预测性维护。

5.1.1.3　工业 4.0

近年来，随着数字技术的惊人增长和进步，传统制造业在全球范围内受到了挑战，这就是所谓的工业 4.0 的基础，制造业公司广泛采用信息和通信技术使之成为可能。

工业 4.0 是第四次工业革命，应用了信息物理系统（CPS）、互联网和面向未来的技术和智能系统的原则，增强了人机交互模式。这使得价值流中的每一个实体的身份和沟通成为可能，并导致了制造业中 IT 支持的大规模定制。这个词最早出现在 2011 年的汉诺威博览会上，随后由 Robert Bosch GmbH 的 Siegfried Dais 和 Acatech 的 Henning Kagermann 组成了一个工作组。物联网和服务可以使整个工厂联网，形成智能环境。数字化开发的智能机器、仓储系统和生产设施实现了基于端到端信息和通信系统的供应链集成，从入库物流到生产、营销、出库物流和服务。工业 4.0 也确保了员工和商业伙伴之间更好的合作。

工业 4.0 极大地影响了生产环境，在操作执行方面发生了根本性的变化。与传统的基于预测的生产计划不同，工业 4.0 能够实时规划生产计划，以及动态的自我优化。工业网络中信息和通信系统的引入，也导致了自动化程度的急剧提高。生产线上的智能和自我优化机器与整个价值链同步，从供应商的订单或材料到客户的货物交付。

在德国，至少有41％的公司关注到了这一主题，并已开始采取一些具体措施。但这还有很长的路要走，对于一些行业来说，这个话题仍然未知。工业4.0在国际上已被公认为制造企业对经济危机的战略反应之一，以应对生产的外部化趋势和日益增长的市场复杂性。其技术基础可以追溯到物联网，该技术提出将电子、软件、传感器和网络连接嵌入设备（例如："物"），允许通过互联网进行数据的收集和交换。因此，物联网可以在工业层面加以利用，设备可以通过网络基础设施远程感知和控制，允许物理世界和虚拟系统之间更直接的集成，从而获得更高的效率、准确性和经济效益。虽然这是最近的趋势，但工业4.0已经被广泛讨论，其关键技术已经被确定，其中信息物理系统被提出作为生产系统中的智能嵌入式和网络化系统。它们在虚拟和物理层面上操作，与物理设备交互和控制，感知和作用于真实世界。根据文献，为了充分开发信息物理系统和物联网的潜力，应该采用适当的数据模型，如本体，它是领域概念的显式、语义和形式的概念化。它们是嵌入在智能信息物理系统中的核心语义技术，可以帮助集成和共享大量的感知数据。通过使用大数据分析，可以通过智能分析工具访问感知数据，以快速决策并提高生产率。通过使用这些技术，工业4.0通过物理虚拟连接和信息物理系统元素的联网，打开了实时监控和同步现实世界活动到虚拟空间的方式。

5.1.2　大数据采集与应用系统

大数据是一个新兴领域，创新技术提供了从信息中重用和提取价值的新方法。有效管理信息和提取知识的能力现在被视为一项关键的竞争优势，许多组织正在将其核心业务建立在收集和分析信息以提取业务知识和洞察力的能力之上。对于大多数组织来说，在工业部门采用大数据技术并不是一件奢侈的事情，而是获得竞争优势的迫切需要。

5.1.2.1　大数据的定义

在过去的十年里，人们对大数据提出了几种定义。第一个定义，Doug Laney 的META 小组（当时被 Gartner 收购），使用一个三维的角度定义大数据："大数据是高容量、高速度和/或高的各种信息资产需要新形式的处理，使增强决策，洞察发现和流程优化"（Laney，2001）。Loukides（2010）将大数据定义为"当数据本身的大小成为问题的一部分，以及处理数据的传统技术失去动力时"。Jacobs（2009）将大数据描述为"其规模迫使我们超越当时流行的可靠方法的数据"。大数据为在新的规模和复杂性下处理数据带来了一系列的数据管理挑战。

- 容量（Volume，数据量）：在数据处理过程中处理大规模数据（如全球供应链、全球金融分析、大型强子对撞机）。
- 速度（Velocity，数据速度）：处理输入的高频实时数据流（如传感器、普适环境、电子交易、物联网）。
- 多样性（Variety，数据类型/来源的范围）：使用不同的语法格式（如电子表格、XML、DBMS）、模式和含义（如企业数据集成）处理数据。

大数据的 3V 特征挑战了现有技术方法的基础，需要新的数据处理形式，以增强决策、洞察力发现和流程优化。

随着大数据领域的成熟，其他 V 也加入进来，如 Veracity（记录质量和不确定性）、Value 等。大数据的价值可以在知识型组织的动态背景下进行描述，在知识型组织中，决策和组织行动的过程依赖于意义形成和知识创造的过程。

在过去的几年里，大数据一词被不同的主要参与者用来标记不同属性的数据。针对大数据的不同特点，提出了不同的大数据处理架构。总的来说，数据采集被理解为在将数据放入数据仓库或任何其他存储解决方案之前收集、过滤和清理的过程。大数据采集在整个大数据价值链中的位置应用较多，如结构化数据、非结构化数据、事件处理、传感器网络、协议、实时、数据流、多模态。但对于大多数采集而言，场景假设的是高容量、高速度、高多样性但低价值的数据，因此具有适应性和时间效率高的收集、过滤和清理算法非常重要，这些算法确保数据库分析具有实际意义的高价值数据片段。然而，对于一些组织来说，绝大部分数据都具有潜在的高价值，因为它对招揽新客户很重要。对于这样的组织，数据分析、分类和打包在非常高的数据量中起着最核心的作用。

5.1.2.2　大数据获取的行业案例研究

(1) 卫生部门

在卫生部门，大数据技术旨在建立一个全面的方法，临床、金融以及病人行为数据和管理数据、人口数据、医疗设备数据和任何其他相关的健康数据结合，用于回顾性、实时和预测分析。

为了为成功实施大数据健康应用奠定基础，需要解决数据数字化和获取（即将健康数据以适合的形式输入分析解决方案）的问题。

截至目前，由于不灵活的接口和缺乏标准，健康数据的聚合依赖于成本高昂的个性化解决方案。大量卫生数据存储在数据仓中，只有通过扫描、传真或电子邮件才能进行数据交换。

在医院中，患者数据存储在临床信息系统（CIS）或电子健康档案（EHR）系统中。然而，不同的临床科室可能使用不同的系统，如放射信息系统（RIS）、实验室信息系统（LIS）或图片存档和通信系统（PACS）。没有标准的数据模型或电子健康档案。现有的数据集成机制要么是水平 IT 提供商（如 Oracle 医疗保健数据模型、Teradata 的医疗保健逻辑数据模型、IBM 医疗保健提供商数据模型）提供的标准数据仓库解决方案，要么是新的解决方案（如 i2b2 平台）。前三个主要用于生成关于整个医院组织性能的基准，而 i2b2 平台建立了一个数据仓库，允许集成来自不同临床部门的数据，以支持识别患者队列的任务。在此过程中，结构化数据（如诊断和实验室值）被映射到标准化编码系统。然而，非结构化数据没有进一步标记语义信息。除了识别患者群体的主要功能外，i2b2 蜂箱还提供了几个额外的模块。除了用于数据导入、导出和可视化任务的特定模块外，还有用于创建和使用额外语义的模块。

数据可以通过使用交换格式（如 HL7）进行交换。然而，由于隐私等非技术原因，健康数据通常不跨组织共享（组织孤岛现象）。关于诊断、程序、实验室值、人口统计、药物、提供者等的信息通常以结构化的格式提供，但不以标准化的方式自动收集。例如，实验室部门为实验室值使用自己的编码系统，而不需要显式地映射到逻辑观察标识符名称和代码标准。

(2) 制造业、零售业和运输业

在零售、运输和制造业领域，大数据采集变得越来越重要。随着数据处理成本的降低和存储容量的增加，如今已能连续收集数据。制造公司和零售商可能会监控 Facebook、Twitter 或新闻等渠道，以获取任何提及的信息，并加以分析（如客户情绪分析）。网络零售商也在通过存储日志文件收集大量数据，并将这些信息与其他数据源（如销售数据）相结合，以分析和预测客户行为。在制造领域，现在所有参与的设备都是互连的（如传感器、RFID），这样就可以不断地收集重要的信息，以便在早期阶段预测有缺陷的部件。这三个领域都有一个共同点，即数据来自不同的来源（例如日志文件、需要通过专有 api 提取的社交媒体数据、来自传感器的数据等）。数据以非常快的速度出现，需要选择正确的技术来提取（例如 MapReduce）。

挑战还可能包括数据集成。例如，客户在社交媒体平台上使用的产品名称需要与产品页面上使用的 id 进行匹配，然后与企业资源规划（ERP）系统中使用的内部 id 进行匹配。在零售业中收集的两种类型的数据分组，被用于零售业中。

越来越多的社交媒体的使用，不仅使消费者能够轻松地比较价格和质量方面的服务和产品，而且也使零售商收集、管理和分析大量和快速的数据，为零售业提供了一个巨大的机会。为了获得竞争优势，实时信息对于准确预测和优化模型至关重要。从数据采集的角度来看，流数据的计算手段是必要的，它可以处理数据的上文提及 3V 的挑战。

为了给交通部门带来利益（尤其是多模式城市交通），支持大数据采集的工具必须实现两个主要任务。首先，他们必须处理大量的个性化数据（例如位置信息），并处理相关的隐私问题；其次，他们必须整合来自不同服务提供商的数据，包括地理分布的传感器，如物联网（IoT）和开放数据源。不同的参与者受益于运输行业的大数据。政府和公共机构使用越来越多的数据进行交通控制、路线规划和运输管理。私营部门利用越来越多的数据进行路线规划和收入管理，以获得竞争优势，节省时间，并提高燃料效率。越来越多的人通过网站、移动设备应用程序和 GPS 信息来进行路线规划，以提高效率和节省旅行时间。在制造业中，数据采集工具主要需要处理大量的传感器数据。这些工具需要处理可能与其他传感器数据不兼容的传感器数据，因此需要解决数据集成的困难，特别是当传感器数据在价值链中的多个公司之间传递时。另一类工具需要解决集成生产环境中传感器产生的数据与企业资源规划系统的数据的问题。当工具产生并使用标准化的元数据格式时，这是最好的实现方式。

5.1.3　基于工业设计的大数据应用方案

5.1.3.1　大数据时代的工业设计

谢文认为，未来通过网络有望实现三方面创新：个人数据集成、公共服务数据集成及物质生产集成。如收集消费者在网络上的言谈举止和生活中所有活动产生的数据，建立"数据人"模型，为线下的制造业提供人的需求数据；集成线上的公共服务数据为国家、政府和组织提供服务支持；集成物质生产数据实现制造业的数据化生存。对工业设计而言，网络连接消费者、社会和物质产品组成的三维空间，融合各种大数据，可支持制造业的转型与社会进步。这正是新形势下工业设计的发展方向，即通过设计具体的服务产品，为消费者创造感性价值，实现消费者情感上对个性、品位和身份的追求。这些服务化产品在提供高品质服务的同时，以技术推动组织和社会创新，实现人、组织、社会和环境的可持续发展。此时的工业设计从"提供功能，方便使用"的问题解决方案，转向"讲述故事，创造意义"的"造意"阶段，"造意"正成为当下产品设计新的关注点。借助网络获取用户数据，让产品满足基本功能的同时，更多地向消费者讲述故事，引起消费者的回忆和联想，成为当下产品设计成功的关键。

互联网、3D打印塑造了以大数据为特征的这个时代，大数据是平台（移动互联网），造意是手段（感性价值创造），用户体验是目的（价值实现），构成了新时代工业设计的基本构架。大数据时代，一切皆可量化，对设计而言，"研究驱动设计，设计驱动创新"将是工业设计改革的方向，这要求在学科层面成立设计研究学会，基于对各种用户数据量化的科学研究为制造业服务。

5.1.3.2　大数据时代对工业设计的影响分析

大数据时代，不单指进一步促进了社会现代化的发展，同时也为各行业、各领域的发展提供了一定的机遇。近年来，随着互联网的不断进步，我们进入了大数据时代，而各种数据、信息也呈爆炸式地增长。通过对这些数据信息进行分析，我们可以加深对用户的喜好与选择倾向的了解，进一步满足用户的需求，提高企业的竞争力。通常，我们在对产品进行工业设计前，都会对产品以及用户来进行一定的定位分析，从而能够更有针对性地掌握该用户的各种可支配收入、市场发展趋势等因素。所以，利用大数据技术对相关数据进行收集、分析，对于一个企业的可持续发展来说意义重大。通过对数据的分析，在很大程度上能够帮助企业获取一些价值性的信息，比如用户购买产品后的反馈等，将这些信息进行汇总、分类、分析，可以为后续产品的设计提供一定的参照依据，从而设计出更能满足用户需求的产品。

5.1.3.3　大数据时代下工业设计新模式分析

以用户的研究为主

大数据的发展，同时也使得市场的竞争变得更加激烈，各企业想要提高自身的市场竞争力，那么必须要充分利用大数据技术。在大数据时代的背景下，人们的各种智能行为，都能以数据的形式记载在互联网上。特别在社交网络、电商交易等途径上，更容易记载着用户的信息，而企业，通过对相关的数据进行收集、整合以及分析，便能够进一步地了解用户的需求以及喜好。因此，工业设计行业的企业在对产品进行设计、研发时，要充分利用好这些数据信息，作为工业产品设计的参照。

以用户的反馈为主

在大数据背景下，工业设计出的产品要加强与用户的融合度，这也是今后工业设计行业的发展趋势。因此对于企业来说，用户对其产品的体验感，也就成为了检验产品设计是否成功的重要标准。用户对产品的选择标准，主要在于产品的功能性、实用性、美观性以及价值性等。应用大数据技术，我们能够更好地挖掘到用户与企业在交易间产生的大量数据，将这些数据进行整理，可以更好地掌握用户对产品的反馈评价。这些反馈信息具有很大的价值，能够帮助设计者更好地了解用户的真实需求，为今后的产品设计作出参照。同时，还可以针对目标用户来进行个性化的设计，能够更好地提高产品的研发效率、质量，促进智能制造业的发展。一个产品只有经过用户体验后，才能说明产品设计是否合理，从而能够对产品的功能性、实用性、舒适性和美观性等进行评价。用户的反馈信息，都是设计师进行产品设计的优化依据，促使企业在满足用户需求的基础上，再进一步地设计出功能更为丰富的产品，还可以延伸大数据的产业链，从而提供个性化、人性化的互联网服务等。

5.1.3.4 大数据时代工业设计的新趋势

在大数据时代下，工业设计将会服务化以及个性化。首先，产品会由单纯的产品设计往智能服务设计进行转变。工业设计服务化主要是立足于非物质的服务设计，把设计的概念融入到整个产品研发的过程中，从而能更有效地改善企业的服务质量，提高用户的使用体验感。在大数据时代下，设计者并不是躲在营销或者产品后面的设计师，更多的是了解消费者需求、市场调查的前台人员。另外，大数据时代下工业设计将会个性化，在大数据背景下，工业设计行业企业应该实时地，从网上接收有关消费者的个性定制的大量数据。同时，通过对数据的分析，来进一步配置各方面的资源，组织生产，而不是原来单纯地大规模的批量生产。

5.1.3.5 大数据时代下工业设计的建议

转变设计的思维

作为设计师，在大数据背景下也不能一味满足用户需求，这样会使得思维变得固化。要联合实际的发展，在设计产品的同时，综合时代发展的各因素来进行综合分析，从而进一步提高对生活的观察能力，从而有效加强产品与生活的关联度。所以，工业设计师要具备积极转变的思想理念，因地制宜地设计产品，充分利用大数据技术。

关注市场的发展

在大数据时代下，工业设计的价值以及意义显得越来越大。因此，工业设计企业要不断地强化自身的产品，提高设计的价值。在整个过程中，除了保证产品的质量和创新性外，还要严格遵循好高效、节能、环保的生产政策，使得产品符合市场的发展。

综合性创新发展

在大数据时代下，工业企业对产品进行设计前，各部门应该加强对相关产品信息的整合和分析，同时进行内外部的研究交流，进一步提高产品和用户的契合度，使得设计出来的产品更符合市场的发展趋势。同时，在大数据时代背景下，产品设计不能单纯性地仅为用户去设计，要综合性创新发展，联合资本、运营、创意等，探究新的设计模式。这就要求作为设计师，对新生事物要有一定的灵敏感知能力，从而形成新的设计思维，在实践中总结出最为有效的模式，进一步提高产品的竞争力。

流行的人机界面技术

人机界面需要两项基本技术：显示器（通常为 LCD 屏幕）以及输入或控制方法。触摸屏是一种经过证明的人机界面方法，采用的是叠在 LCD 屏幕上方薄层的投射电容式触摸（PCAP）感应。使用机器学习神经网络的语音识别是另一种输入方式，因为对驾驶员安全更有利，正在迅速得到普及。使用触摸屏的其他技术包括触觉、手势、接近度和力度侦测。随着应用处理器越来越强大，使用眼动追踪算法来提供输入控制可能越来越有吸引力。如图 5-2。

图 5-2　流行的人机界面技术

5.2　智能制造与工业装备

5.2.1　更加智能的人机界面

5.2.1.1　人机界面的定义

人机界面可以从广义和狭义两个角度来进行定义。广义的人机界面是指使用者与机器间沟通、传达及接收信息的一个接口，即用户与机器之间传递信息的媒介。从狭义的角度上来讲，其人机界面是指人对机器进行操作时，人机间相互施加影响的外观界面。

据调查发现，当代的数控机床正朝着高精度、智能化、多功能化、高速度、高可靠性的方向不断地发展。而人机界面作为一个重要且独立的研究领域，也日益受到研究者的广泛关注和重视，并已成为当代工业设计行业的又一竞争领域。数控机床设计中，人机界面设计的好坏，对人的工作效率和操作舒适性有着直接的影响。对于数控机床的操作者来说，好的人机界面设计不但美观易懂、操作简单，而且具有引导功能，能够令人心情愉悦、增强操作兴趣，这对提高生产效率有着十分重要的意义。

5.2.1.2 人机界面的发展历程

人机界面的发展

(1) 命令语言用户界面

早期的人机界面是命令语言人机界面，人机对话都是机器语言。人机交互方式只能是命令和询问，通信完全以正文形式通过用户命令和用户对系统询问的方式来完成。这要求惊人的记忆和大量的训练，要求操作者有较高的专业水平。对一般用户来说，命令语言用户界面易出错，不友善且难学习，错误处理能力也较弱。因此，这一时期被认为是人机对峙时期。

(2) 图形用户界面

随着硬件技术的发展以及计算机图形学、软件工程、窗口系统等软件技术的进步，图形用户界面产生并得到广泛应用，成为当前人机界面的主流。比较成熟的商品化系统有 Apple 的 Macintosh、IBM 的 PM（Presentation Manager）、Microsoft 的 Windows 和运行于 Unix 环境的 X-Window 等。图形用户界面也被称为 WIMP 界面，即窗口（Windows）、图标（Icons）、菜单（Menus）、指示器（Pointing Device）四位一体形成桌面（Desktop）。其中，窗口是交互的基础区域，主要包括标题栏、支持移动和大小缩放、菜单栏、工具栏以及操作区。窗口通常是矩形，但现在很多软件把它做成不规则形，以便看上去会更有活力和个性。图标是用于标识某个对象的图形标志，很大一部分来源于术语符号，初次接触时需要记忆，例如最小化、关闭等；还有一部分图标来源于生活，比较象形而不必记忆，比如喇叭就是调节音量，房子表示 HOME，信封表示邮件等。菜单是供用户选择的动作命令，在一个软件中，所有的用户命令都包含在菜单中。菜单通常要通过窗口来显示，常见类型有工具栏（包括图形工具栏）、下拉式、弹出式（右键菜单）和级联式（多层次的菜单）等。指针是一个图形，用以对指点设备（鼠标或轨迹球）输入到系统的位置进行可视化描述，图形界面指针常用的有箭头、十字、文本输入 I、等待沙漏等。图形用户界面能同时显示不同种类的信息，使用户在几个环境中切换而不失去工作之间的联系，用户可通过下拉式菜单方便地执行任务，在减少键盘输入的情形下，大大提高交互效率。这一时期被认为是人机协调期。

(3) 多媒体用户界面

多媒体技术的迅速发展为人机界面的进步提供了契机，在原来只有静态媒体的用户界面中，多媒体技术引入了动画、音频、视频等动态媒体，特别是引入了音频媒体，大大丰富了计算机表现信息的形式，拓宽了计算机输出的带宽。同时，多媒体技术的引入也提高了人对信息表现形式的选择、控制能力，增强了信息表现与人的逻辑、创造能力的结合，扩展了人的信息处理能力。借助多媒体用户能提高接受信息的效率，所以，多媒体信息比单一媒体信息具有更大的吸引力，它更有利于人对信息的主动探索。令人遗憾的是，多媒体用户界面虽然在信息输出方面变得更加丰富，但它在信息输入方面仍迫使用户使用常规的输入设备（键盘，鼠标器和触摸屏），即输入是单通道的，输入输出表现出极大的不平衡，这种不足限制了它的应用。虽然多媒体与人工智能技术的结合将改变这种状况，但今天的多媒体用户界面仍处于探索和改进中。此时，多通道用户界面研究的兴起，无疑给解决人机界面的输入输出不平衡带来了更大的希望。

(4) 多通道用户界面

20 世纪 80 年代后期以来，多通道用户界面（Multimodal User Interface）成为人机交互技术研究的崭新领域，在国际上受到高度重视。多通道用户界面的研究正是为了消除当前图形用户界面——WIMP/GU1、多媒体用户界面通信带宽不平衡的弊病而兴起的。在多通道用户界面中，综合采用视线、语音、手势等新的交互通道、设备和技术，使用户利用多个通道以自然、并行、协作的方式进行人机对话，而机器则通过整合来自多个通道的精确的和不精确的输入来捕捉用户的交互意图，提高交互的自然性和高效性。研究中涉及键盘、鼠标之外的输入通道主要是语音和自然语言、手势、书写及眼部运动，并以具体系统研究为主。

多通道用户界面与多媒体用户界面一道共同提高人机交互的自然性和效率。其中，多媒体用户界面主要关注用户对计算机输出信息的理解与接受的效率问题，而多通道用户界面主要关注用户输入信息的方式及计算机对用户输入信息的理解问题，今天所研究的多通道人机界面所要达到的目标可归纳为：使用户尽可能多地利用已有的日常技能与计算机交互；使人机通讯信息吞吐量更大、形式更丰富，发挥人机彼此不同的认知潜力；吸取已有人机交互技术的成果，与传统的用户界面特别是广泛流行的 GU1 兼容，使老用户、专家用户的知识和技能得以利用。

在人机交互过程中，人不满足于通过屏幕显示或打印输出信息，进一步要求能够通过视、听觉等器官交互，于是有了多媒体用户界面。人们不满足于单通道的输入，要更多的利用嗅觉、触觉以及形体、手势或口令交互，于是有了多通道用户界面。人们还要更自然地"进入"到环境空间中去，形成人机"直接对话"，取得"身临其境"的体验，为此，又有了虚拟现实人机界面。

(5) 虚拟现实人机界面

虚拟现实又称虚拟环境，目的是向用户提供身临其境的体验。我们知道，在传统的人机系统中，人是操作者，机器只是被动的反应；在现行的计算机系统中，人是用户，人与计算机之间以一种对话方式工作。然而，自 20 世纪 90 年代以来新兴起了一种计算机界面理论，该理论认为以对话为基础的人机界面是个错误的发展模式，此模式容易误导缺乏经验的使用者，即使是经验老到的软件设计师也容易被误导而做出难以使用的界面系统。该理论认为，人与电脑间的互动关系不应是人与人之间的对话关系，而应是由人去探索另一个世界，而程序设计的工作便是去创造一个可供探索、游历的世界。即使是一个初学者也可漫步其间，靠着机智与亲手操作，在游历过程中积累点点滴滴的经验。这种理论认为，应将电脑看成是个世界而不是交谈的对象，人机界面研究努力的方向是缩短人与这个"世界"的距离。因此，未来的人机交互模式，应该突破屏幕的限制，让使用者直接进入电脑的虚拟空间，直接与 3D 物体做互动，这就是虚拟现实人机界面理论发展的起点。

虚拟现实理论在电脑科技发展中越来越受到重视，但它毕竟处于起步阶段，就什么是虚拟现实这一论题，也是众说纷纭，莫衷一是。目前，虚拟现实理论主要是从技术设备层面、构成要素层面、使用者主观经验层面来定义它。如图 5-3。

图 5-3　虚拟现实人机界面

以技术设备层面定义

目前，最有代表性的为 Gigante 理论，该理论认为虚拟现实在技术上需要配备若干设备，如电脑产生的 3D 图形；广角、立体化的视觉呈现；使用者头部、手势姿态的追踪；立体化的声音及声音输入、输出设备；视觉回馈等，这一切可以让使用者在人造环境中产生参与的幻觉，也就是说，虚拟现实是一个浸入式、多重感官刺激的经验。这样的定义会使目前许多媒体电脑的虚拟现实系统都被排除在外。所以，有学者认为，以纯技术为定义标准有缺陷，可能会由于某项输入、输出设备的有无而做出错误的判断。为此，应从概括性人机界面的角度定义，即：虚拟现实是模拟的、由电脑生成的世界，使用者在其间即时游走并获得立即回馈，就如同在真实的三维空间移动一般。

以构成要素定义

目前，最有代表性的为 Latte 理论和 Sheridan 理论，Latte 理论认为虚拟现实是一种人机界面，主要由电脑和周边设备创造一个具有感受性的环境，此环境可以由个人的行动控制并能做出相应的反应，也就是说使用者就像在真实环境中一般。虚拟现实最重要的 3 个要素为真实度、可感测的环境和个人控制。其中真实度包含了主观与客观的含义并可由多种方法达成；个人对环境的控制会影响真实度，两者是互斥关系；可感测的环境包括刺激人类感官的设备及侦测处理使用者行动的系统。

Sheridan 理论认为，虚拟环境可使使用者产生临场感，此临场感由感官资讯的延伸、控制感测器与环境的接触、操作真实事物的能力三要素构成，其中感官资讯的延伸是将适当的资讯传递给适当的感测器让使用者接受。控制感测器与环境的接触是使用者可以自行控制视野、观看事物、借助声响和触觉做出相应反映。操作真实事物的能力指操作虚拟环境中的机器、改变虚拟环境中物体的能力。

以使用者主观经验角度定义

目前，最有代表性的理论是 Summit 理论、Applewhite 理论和 Glenn 理论，Summit 理论将虚拟现实看作一种体验，让使用者借助媒体来体验环境。这个环境必须存在于使用者的心中，如果使用者不将人机界面视为一个存在的空间，即使系统的生动度再高、画面再逼真、互动性再好，虚拟现实也无法存在。Appllewhite 理论偏重于使用者与系统设备的互动流程。Appllewhite 理论认为，首先使用者将没入一个高度互动的模拟环境，使用者的身体动作传递信息，信息由系统处理后再呈现给使用者，其结果便是一个真实且前后一致的世界。Glenn 理论也认为，虚拟现实为一种经验而非技术。Glenn 理论认为，虚拟现实应以使用者为主，使用者愿意放弃它们的不信任感，或是使用者愿意相信他们在虚拟空间所做的事。因此，一个环境是否能提供虚拟现实的经验是主观的，完全依赖于使用者的感受和定义。综上所述，我们知道，虚拟现实其实是电脑屏幕另一端的一个幻想世界，是一种高度逼真地模拟人在自然环境中的视、听、动等行为的人机界面技术，简单地说是一种可以创建和体验虚拟世界的计算机系统。对虚拟现实人机界面的设计，是致力于减低使用者对它真实性的不信任感。因此，如何创造一个能再现真实的界面，说服使用者使其相信自己也是幻想世界中的一分子，是未来人机界面发展的重点方向。

5.2.1.3　人机界面设计的关键因素

安全是所有装备类产品人机界面设计的一个关键因素。界面操作不应分散操作者的注意力，应直观易懂，如果可能，部分功能应在使用时禁用。汽车人机界面现在可提供的众多功能使分散注意力的可能性大大增加，这促进了法规和国际标准的制定。比如 ISO 15005：2017 规定人机界面操作需要的时间应在 1.5s 以内，目前这方面标准虽然仍处于起步阶段，但正在不断完善。

人机界面中触摸屏控件的使用受到越来越多来自安全方面的质疑。语音控制正在成为人机界面输入和控制的一种更安全、更可行的选择，尽管语音识别确实存在一些技术上的挑战。

5.2.1.4　结论

人机界面的发展，由过去人机对峙的界面，即基于字符方式的命令语言式界面，进化为人机协调的界面，即图形用户界面，但计算机科学家并不满足于这种现状，他们正积极探索新型风格的人机界面。多媒体界面的繁荣，多通道界面的发展，尤其是当前语音识别技术和计算机联机手写识别技术的商业成功，让人们看到了自然人机交互的曙光，虚拟现实技术的兴起显示出未来人机交互技术的发展趋势是追求"人机和谐"的多维信息空间。作为一种新型人机交互形式，虚拟现实技术比以往任何人机交互形式都有希望彻底实现和谐的、人机合一的完美人机界面。

5.2.2 智能生产下的环境

5.2.2.1 智能生产概述

智能装备制造标准化，企业建设统一标准

装备制造业智能化过程中所需的各种信息集成软件、设备关键部件接口、信息网络端口等，都需要统一连接标准，以实现网络间信息的顺利对接。智能制造的发展带来了新的生产模式，企业对智能制造的生产组织方式和商业运营模式有统一的管理标准。2015年，工业和信息化部、国家标准化管理委员颁布了智能制造相关标准建设指南。

工业大数据应用价值

在装备制造业智能化的过程中会产生大量数据，企业通过对这些数据进行分析，充分挖掘工业大数据的价值，可优化企业生产、服务和商业模式，为企业智能化提供重要驱动力。工业大数据的分析应用已被各国重视，德国工业4.0战略信息互联技术重点研究大数据分析和工业数据交换，欧盟数字化欧洲工业计划也花巨资打造了数字创新中心，以提升工业大数据在工业智能化中的应用。但这些数据由传感器、物联设备、生产经营业务数据、外部互联网数据组成，数量巨大、来源分散又格式多样，需要核心技术体系完善、数据整合统一标准、专业数据服务等。

智能装备制造相关的现代服务业发展

良好的现代服务业是制造业智能化发展的重要驱动，具备完整体系的先进制造服务业对制造业的升级发展有极为重大的作用。智能装备制造实施过程中，智能流程设计、智能监控技术、智能信息集成管理软件等都需要相关现代服务业的支持。主要表现在以下几个方面：一是智能制造服务业市场打开，相关政策体系完善，高度市场化；二是相比于制造服务业，传统服务业占比要合理，供给合理，先进生产性服务产业比例适中，使得供给平衡；三是智能制造专业人才培训服务体系要发展，培养相关先进制造服务业人才，满足智能制造技术性人才需求。

自主创新能力，核心技术

在智能化过程中，需要大幅度依赖先进制造设备、关键零部件和关键材料等。同时，在智能控制技术、在线分析技术、智能化嵌入式软件，高速精密轴承等先进技术方面自给率很重要。此外，智能装备的性能和稳定性也要适应发展的需求。

5.2.2.2 元宇宙的发展对工业设计的促进

自2021年以来，元宇宙的概念被广泛讨论。它指的是通过虚拟现实（VR）和增强现实（AR）眼镜上网，这被认为是未来将广泛应用的下一代移动计算平台。另一些人则认为，元世界是一个三元数字世界，是建立在数字技术的基础上，将虚拟世界和现实世界整合在一起，人们以数字身份进入。

有必要开发一个优化的数字平台，以解决工业物联网的局限性，特别是在人与计算机的交流与交互、虚拟世界与现实世界的整合与互联等方面。令人欣慰的是，元宇宙的出现为这些问题提供了一个可能的解决方案。如图 5-4 所示。

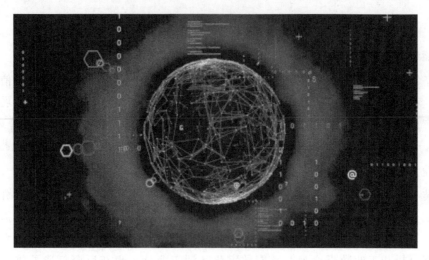

图 5-4　元宇宙

今天，MIoT 已经成为互联网上物理对象网络的同义词，集成了硬件和软件，用于各种医疗应用场景中的感知、传输和智能处理。

5.2.3　更加灵活的设计和制造手段

5.2.3.1　智能制造的类型

智能制造作为制造业和信息技术深度融合的产物，其诞生和演变是和信息化发展相伴的。

智能制造在演进发展中，可总结、归纳和提升出三种智能制造的基本范式，即：数字化制造（数字化），数字化、网络化制造——"互联网＋制造"（数字化、网络化），数字化、网络化、智能化制造——新一代智能制造（数字化、网络化、智能化）。

a) 数字化制造　数字化制造是智能制造的第一种基本范式，也可称为第一代智能制造。20 世纪下半叶以来，以数字化为主要内容的信息技术广泛应用于制造业，形成了"数字一代"创新产品、数字化制造系统和数字化企业。

b) 互联网制造　数字化、网络化制造是智能制造的第二种基本范式，也可称为"互联网＋制造"，或第二代智能制造。20 世纪末，互联网技术开始广泛应用，网络将人、流程、数据和事物连接起来，通过企业内、企业间的协同和各种社会资源的共享与集成，重塑制造业的价值链。德国"工业 4.0"和美国"工业互联网"完美地阐述了数字化、网络化制造范式，完美地提出了实现数字化、网络化制造的技术路线。

c) 新一代智能制造　数字化、网络化、智能化制造是智能制造的第三种基本范式，也可称为新一代智能制造。新一代人工智能技术与先进制造技术深度融合形成了新一代智能制造。

近年来，在社会发展强烈需求以及互联网的普及、云计算和大数据的涌现、物联网的发展等信息环境急速变化的共同驱动下，大数据智能、人机混合增强智能、群体智能、跨媒体智能等新一代人工智能技术加速发展，实现了战略性突破。新一代人工智能技术与先进制造技术深度融合，形成新一代智能制造——数字化、网络化、智能化制造。新一代智能制造将重塑设计、制造、服务等产品全生命周期的各环节及其集成，催生新技术、新产品、新业态、新模式，深刻影响和改变人类的生产结构、生产方式乃至生活方式和思维模式，实现社会生产力的整体跃升。新一代智能制造将给制造业带来革命性的变化，将成为制造业未来发展的核心驱动力。

5.2.3.2 新一代智能制造的基本原理：人-信息-物理系统（HCPS）

① 传统制造系统包含人和物理系统两大部分，是通过人对机器的直接操作控制完成各种工作任务。

② 与传统制造系统相比，第一代和第二代智能制造系统发生的最本质的变化是，在人和物理系统之间增加了信息系统。

5.2.3.3 制造应用

智能产品与制造装备

产品和制造装备是智能制造的主体，其中，产品是智能制造的价值载体，制造装备是实施智能制造的前提和基础。

新一代人工智能和新一代智能制造将给产品与制造装备创新带来无限空间，使产品与制造装备产生革命性变化，从"数字一代"整体跃升至"智能一代"。从技术机理看，"智能一代"产品和制造装备也就是具有新一代人-信息-物理系统特征的、高度智能化、宜人化、高质量、高性价比的产品与制造装备。

设计是产品创新的最重要环节，智能优化设计、智能协同设计、与用户交互的智能定制、基于群体智能的"众创"等都是智能设计的重要内容。研发具有新一代人-信息-物理系统特征的智能设计系统也是发展新一代智能制造的核心内容之一。

智能生产

智能生产是新一代智能制造的主线。智能产线、智能车间、智能工厂是智能生产的主要载体。新一代智能制造将解决复杂系统的精确建模、实时优化决策等关键问题，形成自学习、自感知、自适应、自控制的智能产线、智能车间和智能工厂，实现产品制造的高质、柔性、高效、安全与绿色。

智能制造云与工业智联网

智能制造云和工业智联网是支撑新一代智能制造的基础。

随着新一代通信技术、网络技术、云技术和人工智能技术的发展和应用，智能制造云和工业智联网将实现质的飞跃。智能制造云和工业智联网将由智能网络体系、智能平台体系和智能安全体系组成，为新一代智能制造生产力和生产方式变革提供发展的空间和可靠的保障。

更加智能的设计制造手段

技术成熟度曲线（The Hype Cycle），指企业用来评估新科技的可见度，利用时间轴与市面上的可见度（媒体曝光度）决定要不要采用新科技的一种工具。包括五个阶段，分别为：科技诞生的促动期、过高期望的峰值、泡沫化的低谷期、稳步爬升的光明期、实质生产的高峰期。

2018～2020 Gartner 曲线图揭示了五大趋势与三大预测。其中大众化的人工智能及预测的通用人工智能需要引起我们的注意。这对未来更加智能的制造与设计手段提供了一定的参考。

目前自助型开放式通用性智能设计已经实现，"无人设计"的时代即将到来。阿里"鹿班"在 2017 年"双十一"设计了 4 亿张不同的广告，平均每秒 8000 张，而如果人工设计需 20 分钟一张，则需要 100 个人做 300 年。类似案例还有京东，其玲珑 DAI，依靠基础素材获取、线上广告图设计、网站页面设计、营销活动设计等智能手段，成为商家经营合作伙伴。

AI 的发展迅猛，已经能够模仿人的经验模式，Adobe 系列的产品，融入底层 AI 技术，更好的创作文字和图像、影音。基于设计元素的 AI，有字体匹配方案、自动配色方案、基于线稿自动上色、自动校正手绘图形等。以 AI 技术为主导，最大的特点就是"智能匹配"，只要能想象得到的事物之间，都可以匹配，基础匹配原型有 4 种：文字与文字、文字与图像、图像与文字、图像与图像之间的匹配。基于 4 种匹配原型，诞生了许多专业门类的人工智能设计师：Arkie 海报在线平台、美发设计师（Fabby Hair）、排版设计师（深绘/智能排版）BANNER 海报设计师（鹿班）、建筑师（Kool-X）、LOGO设计师（Logopony）、网页设计师（The Grid）等。

5.3 少人化与无人化趋势

5.3.1 智慧工厂

制造业一直面临着一些挑战，包括可持续性和生产性能。这些挑战来自众多因素，如劳动力老龄化、全球制造业格局的变化和智能制造在制造过程中实施 IT 的缓慢适应。

近年来，德国和美国政府分别制定了计划，以加快在制造业中使用物联网（IoT）和智能分析技术，从而提高制造过程的整体性能、质量和可控性。智能工厂整合了计算机网络、数据集成和分析方面的所有近来物联网技术进步，为所有制造工厂带来透明度。从传统工厂到智能工厂。如图 5-5 所示。

制造业对 2013 年在德国汉诺威博览会上推出的新概念表现出了极大的兴趣。在德国联邦政府的高技术战略的支持下，一个未来主义的计划被描述为第四次工业革命的框

162

图 5-5　智能工厂

架。随着制造过程的机械化，第一次工业革命在 18 世纪末发生。然后，在 20 世纪初，电力被用于基于劳动分工的大规模生产。在 20 世纪 70 年代，第三次工业革命被认为是利用电子和信息技术（IT）实现了制造操作的更多自动化。基于这一倡议，第四次工业革命是互联系统和物联网在制造业的整合，称为工业 4.0。

另一方面，作为制造业的另一个全球先驱，美国政府定义了术语生产系统架构。生产系统架构是一个集物理过程、计算过程、网络过程、通信过程于一体的复杂工程系统。通过网络功能，虚拟模型可以监视和控制其物理方面，而物理方面则发送数据以更新其虚拟模型。考虑到这个主题的重要性，信息物理系统成为美国和欧洲研究委员会的国家研究重点，如图 5-6。美国政府最近建立了四个制造中心，包括在俄亥俄州增材制造，在北卡罗来纳州建立低功耗半导体制造，在密歇根州建立数字制造和设计创新（DMDI），以及轻量化材料中心。

工业 4.0 和信息物理系统的成功集成为整个制造业带来了巨大的好处。这些好处可以用一个词来概括：智能工厂。智能工厂的采用可能是一个改变游戏规则的事件，它可以改变工程系统的交互作用，就像互联网改变了人们与信息的交互方式一样。

智能工厂通过使用最新的物联网和工业互联网技术，定义了一种多尺度制造的新方法，这些技术包括智能传感器、计算、预测分析和弹性控制技术。这些技术必须结合在一起，以获取、转移、解释和分析信息，并控制预期的制造过程。正如前一节所提到的，通过网络物理系统来满足智能工厂的要求是可能的。工业 4.0 和生产系统架构都处于初级阶段，需要更深入的研究来建立它们的实际用途。智能工厂是在制造业中使用生产系统架构的标志。在当前阶段，需要定义用于在制造业中建立生产系统架构的适用框架。

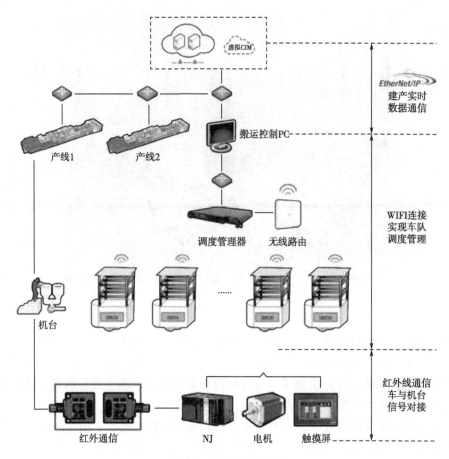

图 5-6　CPS 智能工厂

5.3.2　机器代人

国务院 2015 年发布"中国制造 2025"行动纲领，推进我国从制造业大国向制造业强国转型。在落实这一系列新发展理念和纲领中，中国制造业的转型路径逐渐明晰，即通过以"机器换人"为主要内容的企业自动化、信息化改造来促进生产方式的变革。生产过程的大规模"机器换人"意味着我国产业发展模式正在从劳动密集型向资本和技术密集型转变。如图 5-7。

随着工业机器人技术的演进以及应用场景的扩大，"机器换人"意味着大量重复性、过劳性、危险性的工作岗位被机器人和其他自动化设备代替，整个生产过程呈现出"少人化"，甚至"无人化"的特点。从技术实践上看，在"新工业革命"的影响下，经由先进制造技术改造的自动化生产替代以"泰勒-福特制"流水线为代表的劳动密集型生产过程，这是劳动过程的重要改善，必将对传统生产方式中工人与工人、工人与管理之间的关系产生影响。

"机器换人"明显促进了生产的结构性调整，一方面提高效率、保证稳定性、提升

图 5-7　机器换人

产品品质；另一方面减少人力需求、降低劳动强度、增强工作安全。

"21 世纪，将是机器人的时代"。这是畅销书《机器人时代》作者马丁·福特在该书中表述的观点。微软创始人比尔·盖茨也曾说，如果他现在还是 20 岁的话，肯定会选择机器人作为创业的首选。

进入 21 世纪以来，全球科技创新持续发展，新一轮科技革命与产业革命正方兴未艾。信息、生命、材料等技术不断交叉融合，新的经济增长点不断涌现，创新、协调、绿色、开放、共享成为发展主旋律，人类社会的发展正迈向一个更高的阶段，智能社会正在向我们大步走来。

"机器人正在征服世界。"国际机器人联盟主席 Arturo Baronceli 在世界机器人大会上说。发展机器人已成为世界共识，美国工业互联网战略、德国工业 4.0 战略、日本机器人新战略、欧洲火花计划、韩国机器人强国战略、新工业法国、中国制造 2025，全部将发展重点瞄向机器人。机器人将对全球科技创新和产业格局带来重大的影响。

(1) 智能物流仓储

在工业 4.0 的智能工厂框架中，智能物流仓储位于后端，是连接制造端和客户端的核心环节，由硬件（智能物流仓储装备）和软件（智能物流仓储系统）两部分组成。

其中，硬件主要包括自动化立体仓库、多层穿梭车、巷道堆垛机、自动分拣机、自动引导搬运车（AGV）等；软件按照实际业务需求对企业的人员、物料、信息进行协调管理，并将信息联入工业物联网，使整体生产高效运转。智能物流仓储在减少人力成本消耗和空间占用、大幅提高管理效率等方面具有优势，是降低企业仓储物流成本的终极解决方案。无人化是智能物流仓储重要的发展趋势，搬运设备根据系统给出的网络指令，准确定位并抓取货物搬运至指定位置，常见的轨道 AGV 在未来将会被无轨搬运机器人取代。如图 5-8 所示。

图 5-8　智能仓储

(2) 智能检测与装配装备

随着智能传感器的不断发展，各种算法不断优化，智能检测和装配技术在航空航天、汽车零部件、半导体电子、医药医疗等众多领域都得到了广泛应用。基于机器视觉的多功能智能自动检测装备可以准确分析目标物体存在的各类缺陷和瑕疵，确定目标物体的外形尺寸和准确位置，进行自动化检测、装配，实现产品质量的有效稳定控制，增加生产的柔性、可靠性，提高产品的生产效率。数字化智能装配系统可以根据产品的结构特点和加工工艺以及供货周期进行全局规划，最大限度地提高装配设备的利用率。除了在航空航天、汽车领域的应用，智能检测和装配装备在农产品分选和环保领域将有很大的潜力。如图 5-9 所示。

图 5-9　智能检测与装配装备

(3) 智能数控机床

智能数控机床是数控机床的高级形态，融合了先进制造技术、信息技术和智能技术，具有自主学习能力，可以预估自身的加工能力，利用历史数据估算设备零件的使用寿命；能够感知自身的加工状态，监视、诊断并修正偏差；对所加工工件的质量进行智能化评估；通过各种功能模块，实现多种加工工艺，提高加工效能和控制度。其发展呈智能化、多功能化、控制系统小型化趋势。如图 5-10 所示。

图 5-10　智能数控机床

(4) 3D 打印（增材制造）

3D 打印技术以数字模型文件为基础，通过连续的物理层叠加，逐层增加材料来生成三维实体，因而又被称为增材制造（AM），是融合了数字建模技术、机电控制技术、信息技术、材料科学与化学等诸多方面的前沿性、综合性应用技术，可对个性化、小批量产品进行很好的成本控制，预计未来将会更多地应用在生物医疗、航空航天、军工等小批量个性化需求的领域。此外，为了节省支撑材料带来的打印成本，未来 3D 打印将向着无支撑化方向发展，例如现在已经较为成熟的悬浮 3D 打印和高速激光烧结（HSS）。

精准的 3D 智能技术，将机器的可重复性和工匠的设计融合在一起，大大解放人类设计创造力。

4D 打印是将可无限组合的智能材料设计、刺激驱动下的形态与功能设计、时间变量设计结合让产品制造更多元、穿戴更舒适、设计更具创意。其背后的驱动力为设计逻辑的变革。

4D 打印技术开始颠覆传统的商业和制造业，物联网设计也带来了前所未有的机遇。

但目前由于智能材料的种类、4D 打印模型编程等技术局限性并未进入大面积的商用。但从目前已有的成果中可以预测 4D 打印技术与智能可穿戴产品的结合将改变智能可穿戴产品的舒适度、环境适应性、交互方式，设计师也将以全新的设计逻辑来应对新技术带来的挑战。如图 5-11 所示。

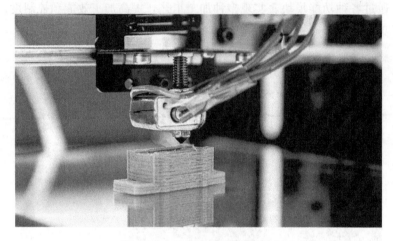

图 5-11　4D 打印（增材制造）

(5) 智能传感器

智能传感器（Intelligent Sensor）是一种将待感知、待控制的参数量化并集成应用于工业网络的新型传感器，具有高性能、高可靠性、多功能等特性，带有微处理机系统，具有信息感知采集、诊断处理、交换的能力，是传感器集成化与微处理机相结合的产物。未来的智能传感器将更多地结合微处理器和新型工艺材料，如表面硅微机械加工以及用来形成三维微机械结构的微立体光刻新技术，提升传感器的精度，增加传感器环境适应性；同时，和 IoT、互联网结合，实现网络化，可实时采集和传递数据；除了工业制造，还能被广泛应用于生活服务中。

(6) 无数据、信息丰富的智能工厂设计

对于智能工厂来说，信息物理系统的另一个极端优势是能够管理数据并将数据呈现给不同的决策者。智能连接层使所有数据数字化，根据优先级对数据进行排序，同一时间引用的数据，并根据它们的相关性组织数据。从而构建了一个互联、无纸化的数据管理环境。此外，由于数据流是实时处理的，因此可以通过及时的行动来保证信息的价值。CPS 的云计算和存储能力可以让用户随时随地通过移动设备获取信息。信息图需要访问的数据量很小，信息的含义只有用户才能理解。因此，对数据安全的担忧也将减少。用户可以在网络空间的不同抽象层次上找到有用的信息，从机器组件的状况到生产线的总体吞吐量和质量风险。由于有效的信息抽象和直观的表示，信息检索和决策过程变得容易得多。因此，用户将不再需要处理原始数据和自行解决信息。相反，有用的信息是从数据中不断实时挖掘出来的，从而创建一个信息丰富的决策环境，而且大部分数据在整个处理周期中只处理一次。这就是我们所说的"一次处理信息（OHIO）"的无

忧工厂哲学。

(7) 工业机器人

工业机器人是一种集成计算机技术、制造技术、自动控制技术并配备传感器、人工智能系统的智能生产装备。其主体由机器本体、控制器、伺服驱动系统和检测传感装置构成，具有拟人化、自控制、可重复编程等特性。随着人工智能技术、多功能传感技术以及信息收集、传输和分析技术的迅速突破与提升，配备了传感器、机器视觉和智能控制系统的工业机器人逐渐呈现出智能化、服务化、标准化的发展趋势。

智能化使工业机器人可以根据对环境变化的感知，通过物联网，在机器设备之间、人机之间进行交互，并对环境自主作出判断、决策，从而减少生产过程对人的依赖；服务化要求未来的机器人结合互联网，在离线的基础上，实现在线的主动服务；标准化是指机工业器人的各种组件和构件实现模块化、通用化，使工业机器人使用更加简便，并降低制造成本。如图 5-12 所示。

图 5-12　工业机器人

5.3.3　人和装备的关系

彼得·斯洛特迪克是德国最具争议的思想家和媒体理论作家。他敢于从身体和灵魂、下属和客体、文化和自然等方面来挑战传统哲学中长期确立的分歧。他在 1999 年关于"人类公园的规则"的演讲中指出，基因工程是人类自我创造努力的延续。

人与机器之间最简单的交互形式是由人完成了一个操作员的功能，他关闭了一个触发控制系统中关闭动作的电路。操作员的功能例如由领航员、舵手、驾驶员、雷达站操作员、火车司机执行。

由于控制系统的性质是由其所有组成部分的性质决定的，因此在这类系统的人工操作员的所有性质中，最重要的是人作为控制链中的传输链路的动态特性。

与系统的机器连接通常实现信号转换的某种规律相比，人类能够学习对所获得的信号的各种各样的动作。他可以执行静态或动态链接的角色；他可以根据信号的变化速率来纠正他的活动；他可以根据信号的大小来调节他的行动，或者实现一些非线性变换。然而，即使在完成学习过程之后，人类使用的控制方法也不严格，只能用平均值来描述。人类所能学到的这一类转变，受到他的生理特性的限制，即动态特性的变化范围的限制。

工业 4.0 定义了一种从大规模生产转向大规模定制的趋势。产品正变得越来越复杂和个性化。更广泛的产品意味着对做手工组装任务的人来说会发生重大变化，并增加了这些任务的复杂性。需要新的机制来支持所需的灵活性，包括新类型的可视化、交互、基于视觉的方法和协作机器人。以人为本的辅助系统通过提供细分的工作指导来支持工人完成他们的任务。

5.4　未来的工业美学

5.4.1　基于功能的工业美学

打开工业设计史，可以看到充满功能和美观的角逐，二者在不断的角逐中，此起彼伏，寻求各自的适当的位置。

如果从宏观上把握的话，可以看到整个工业史在这个问题上走过了单一功能处理—美的处理—功能与美的合理处理这样的曲折道路。

产业革命初期，工业产品单纯追求功能，或者裸露机体，或者简单地遮盖，或者外加一些无关的装饰。当人们不满足于这种粗陋的形态时，于是提出了"industrial art"（工业艺术）的口号（日本译为"产业美术"或"量产工艺"），操作的重点转向了美的处理。而当外在的美的工艺同内在的机械的功能要求不能充分协调而产生偏颇时，又提出了"industrial design"（工业设计）的口号。从工业艺术转向工业设计，标志着工业产品在处理功能与美的关系上又步入了一个新的阶段，它要求合理地处理二者的关系，使二者更好地协调起来。这应该是我们奋斗的方向。

协调功能与美的关系，是包豪斯以来所争取的主要目标。

格罗皮乌斯针对世间批评包豪斯只是"热衷于对设计的专心致志的实用性研究"而特别强调他们"研究的整体性"，指出他们的目标是确立"视觉的科学"，确立"造型的哲学"。

功能与形态、功能与美的关系，是工业产品中的贯彻始终的一组矛盾。功能主义者提出的"形式服从功能"或"功能决定形式"的口号，无疑是正确的，突出的例子就是英国"猎兔犬"飞机的打破一切美的法则的造型。但是功能所决定的只是该产品的基本形态，而不是形态的一切。从基本形态到某一特定的产品造型还可以有若干无关宏旨的变通，更不用讲色彩、装饰等的变化了。

以实用为目的的工业产品，它的功能具有决定性的矛盾的主要方面，产品的外观因为体现功能的机芯而存在，是矛盾的次要方面。设计制造某一产品，是由内及外的，而选购使用某一产品，却是由外及内的。这也就是说，给人第一印象的是产品的外观。此时，也只有在此时，外观可以上升为矛盾的主要方面。其后，在具体使用过程中，如果功能优良，将更为它的外观增添风采；如果功能低劣，多美的外观也将黯然失色而遭人唾弃。

所以工业产品的美，是人们创造的旨在实现一定实用功能的技术产品的美，是一种附庸美。这与人们创造的旨在表现美的艺术作品的美——一种自由美，性质是完全不同的。

设计制造功能与外观完全协调的产品，关键在于设计工作的管理水平和设计人员的素质。工业设计不能长久依赖工程师与美术家的合作。因为工业设计的构成不是单一的，而是复合的，是自然科学、技术、经济、社会学、生理学、医学、心理学、美学的功能与信息的综合。

5.4.1.1 数控机床形态语义表达方法研究

数控机床的形态语义对数控机床品牌的构建具有重要意义。公司通常通过以下方式塑造他们的产品品牌。

一方面，我们可以利用特定的形态特征来塑造品牌。

欧美企业往往通过产品的特点塑造自己的企业品牌。产品性能包括产品特性、结构、外观、颜色、材料等。产品不仅要有自己独特的风格，而且这个功能可以通过产品系列扩展。例如，德国 DMG 万能铣床在进行形态设计时，具有较大的表面包络；美国哈斯机床采用直线折叠式和圆角过渡形式，山崎 Mazak MTV 立式加工中心机床系列以左右分割和中间双门组合为特点。在色彩设计上，Mazak 以乳白色和灰色为主，辅以橙色品牌色彩；哈斯主要使用金属灰色和标牌、铭牌作为装饰。

另一方面，我们可以通过系统的设计和管理来塑造品牌。Xihui Yang 规范数控机床产品设计，制定产品规格和策略，并将其提升到企业层面。对所有产品进行长期规范的使用，系统的设计和管理，达到塑造数控机床品牌的目的。

5.4.1.2 数控机床形态语义设计

数控机床等技术驱动产品在设计中受到技术、材料和复杂结构的影响，而科技美学的应用则更多。美学设计涉及形式、色彩、风格以及物体与视觉环境的兼容性。形式包括形状、比例平衡、纹理和整理，一个好的形式设计是经过训练的分析和鉴赏的结果，并结合一些基本规则的应用，在工程中，这些规则应该被视为指导，而不是法则。

(1) 规则

在数控机床的语义设计中，有三个密切相关的美学规律。

① 比例　数控机床大多由不同的功能模块组成。模块通过合理的结构进行有机集成。比例是渲染机器视觉美感的首要规则。

② 平衡和对称　平衡是创造视觉美感的另一种方式。对称是完美的平衡。设计中对对称性的要求是很高的。平衡在机床设计中应用较为广泛。

③ 节奏与和谐　和谐就是美。节奏是使秩序丰富的诀窍。在机床设计中，秩序感使无序的功能变得有序，使支离破碎的部件变得完整和谐。

(2) 数控机床形态学的发展

根据发展时期，数控机床可分为功能至上时期、理性风格时期、现代风格时期、后现代风格时期和未来风格时期。它们如图 5-13 所示。

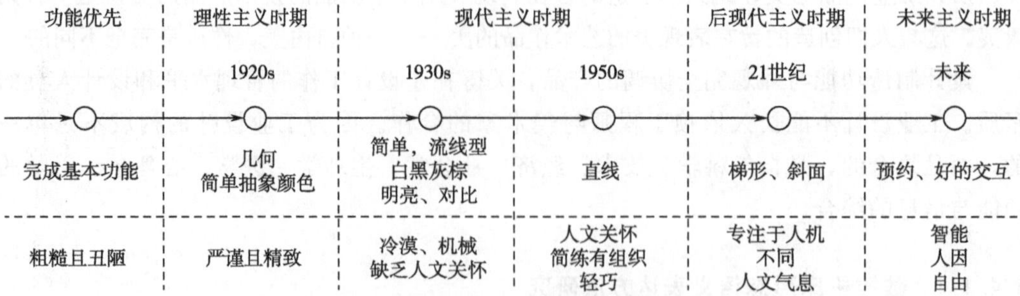

图 5-13　形态学下的机械工具的发展

最初，由于"功能主义"的影响，机床设计考虑了更多的功能因素，没有形式美。在理性主义时代，大多数机床具有几何形状的形式和简单抽象的颜色，给人一种严谨精确的感觉。在现代主义设计风格时期，机床具有曲线、曲面、大圆角等流线型设计，不含细节。它们看起来简洁而流畅。有一种简单的感觉。

在晚期现代主义风格中，大多数机床的形状都是方形或小圆角作为过渡形式，轻盈而有条理，充满"人情味"。

在后现代主义时期，人们对创新的造型技术进行探索，追求个人主义，强调人因工程学。机床设计的形式更加自由化。设计师将梯形、斜面等元素融入方正形式，给人以生命和活力的感觉。

在未来的机床造型设计中，必然会更多地考虑人性化和交互性，以满足"智能化"的技术要求。建模技术更加自由、个性化，形式更加人性化。

（3）数控机床形态语义数据库的建立

数控机床工业设计是一个非常复杂的过程。设计涉及很多学科的知识，不同的知识扮演着不同的角色。建立系统统一的知识模型是十分必要的。因此设计知识可以被重用。

通过大量的研究，总结了市场上现有数控机床的形状，提取出不同机床的形态语义，最终形成数控机床形态语义数据库。这是一个动态的、开放的数据库，它的内容可以不断地被补充、修改和丰富。

表 5-1 中的每一种形式都包含有许多相似形态特征的不同类型的数控机床。表中仅列举了一台典型的数控机床作为示例。

表 5-1　数控机床的形态语义数据库

序号	语义总结			侧视图	前视图	形式总结	样式例子
1	常规 严谨 稳固	直线					
2	时尚 模糊 稳固	直线			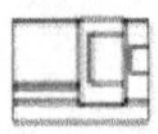		

续表

序号	语义总结			侧视图	前视图	形式总结	样式例子
3	尖锐 不稳定	直线			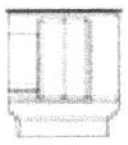		
4	保守 钝感 稳固	直线			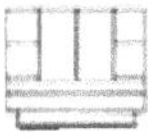		
5	简单 时尚 科技感	直线					
6	宽广 宽敞 稳固	直线					
		小圆角					
7	简单 灵巧 智能	直线					
		小圆角					
8	丰富 高级 肿胀	直线					
		大圆角					
9	圆润 高级 轻松	直线					
		大圆角					
10	简单 可依赖 稳固	直线					
		小圆角					

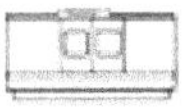

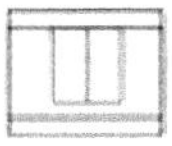

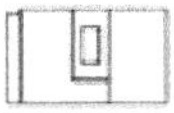

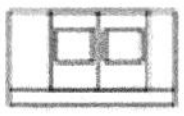

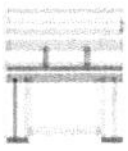

5.4.2　视觉要求的美学发展

在对视觉传达进行分析时，发现其设计基础是设计美学。视觉文化是应该实现持续化的发展，应该在设计美学的科学指导下创造良好的审美感知，这也是视觉传达实现创新发展的一项需求。在进行产品设计的过程中，需要对产品高度以及设计美学等内容进行思考，让客户可以得到更高层面的体验质量，同时也能对设计节点进行丰富。

（1）视觉传达和设计美学体现的关系

视觉传达在信息传递中更加关注视觉感知，需要从诸多设计节点进行思考，以此对设计内容进行深层面的思考。这个时候应该借助设计美学提升产品设计的服务功能，让群众感受到更多的审美情感。因为只有让群众感受到审美情趣，才能让信息得到更好的传递。在对视觉产品实施设计的过程中，需要设计师合理运用美学知识以及原理开展设计，这样可以实现设计思维和能力的培养，逐渐强化设计人员的设计能力。

（2）设计视觉传达时运用设计美学的作用

① 指导视觉创造以及观察　在进行产品设计的过程中，需要对产品高度以及设计美学等内容进行思考，这样能改变传统的设计思维。视觉产品在设计过程中，通过运用设计美学可以指导视觉创造以及观察，引导人们对设计产品进行真善美的思考。设计产品的真是指它在社会层面上的功能体现，善是指视觉产品体现的环境需求，而美则是指产品体现的美感以及设计的本质。因为视觉传达是需要通过设计语言的运用而开展的，也是借助设计美学发挥出更多层面的设计信息，让设计产品得到可阅读性的功能发挥。依照现代设计的发展演变，产品设计的美学范围是不断扩大的，设计师不能受技术手段等因素的限制，应该将创造力安置在首位。设计师体现的创造力是建立在对美好事物实施观察的基础上，这样可以对视觉设计提供科学的指导，以此对视觉产品进行良好的设计，更好体现出视觉设计的审美作用。

② 作为设计方法提升视觉享受　视觉传达可以通过设计产品对信息进行传递，而在对视觉产品实施设计的时候，应该思考设计方法体现的创新性。因为不同时代对视觉产品提出的设计要求是不同的，所采用的设计方法也是不同的，而设计方法的选择影响产品设计的合理性。视觉作品在设计过程中，需要进行思考的主要视觉因素是图案、大小以及色彩，它们通过和视觉原点进行对比，可以更好地分析构图上的差异。所以说，设计美学可以作为一种设计方法，这样能提升视觉享受。设计美学能通过多种渠道形成视像差别，让色彩对比、比例大小以及元素构图发生变化，以此在符合设计美学范畴中改变视觉产品，同时可以有效传递设计产品的信息。这样可以使视觉产品给受众带来更多的视觉享受，优化视觉设计的质量。

（3）立足视觉传达角度思考设计美学

在开展视觉产品设计的时候，应该从多个角度思考产品设计的因素，以此对设计美学开展思考。在开展此内容研究时，可以融入画幅概念，这样可以对视觉产品实施深层面的分析。无论是开展平面视觉的设计，还是开展建筑的设计，视觉呈现的建立空间都是有限的。为此，设计者应该从设计基础开展思考，思考视觉传播体现的习惯，以此对设计流程实施科学的完善。立足视觉传达实施思考，可以发现设计美学能对作品深度等起到决定影响，以此对视觉产品实施内在层面的分析。

在对视觉产品开展设计时，设计师应该考虑到主次关系，也要思考设计作品的表达方式。通过重视视觉产品的形式美，设计师可以在有限的空间中对视觉信息进行合理的安排与表达，让群众可以直观感受到主要视觉信息。同时，设计师应该对画面开展合理的控制，通过加减法的运用保障作品设计的科学性。此外，设计人员也应该通过对字体种类和大小、色彩等元素的合理运用，在保障画面稳定性的基础上进行美学设计。

5.4.3　不停发展的工艺带来的新视觉要求

5.4.3.1　工艺美术在视觉传达设计中的表现特点和运用价值

(1) 表现特点

工艺美术在视觉传达设计中具备鲜明的表现特点，这类特点可以概括为和谐性、灵动性、象征性。和谐性源于"天人合一"这一中国传统文化追求，工艺美术在视觉传达设计中会追求形态、工艺、材料、美观、神韵、思想等方面的和谐统一。以传统工艺美术作品中的绘画为例，对称形式的应用极为常见，这便属于设计和谐性的典型表现，而通过将其引入视觉传达设计，设计精神与外观追求的有机统一即可顺利实现，实用性与审美性的兼具也能够得到保障。灵动性源于工艺美术对浪漫主义的追求，基于意形结合形式的中国传统工艺美术设计便属于这种追求的代表，传统工艺美术作品的造型和结构往往会因此富有表现力、生命力，且能够给人以循环不息灵动美之感，如"水波纹""回形纹""祥云"等设计形式。基于灵动性特定，工艺美术在视觉传达设计中可传播灵动美和流动感，视觉传达设计成果的变化活泼、疏朗空灵、美感提升均可顺利实现。象征性源于"感化"这一工艺美术的造物追求，而通过将这一追求引入视觉传达设计，抽象作品可基于意象为基础创设，利用造型、体量、尺度、色彩等设计象征道德伦理，视觉传达设计的文化内涵和艺术价值将大幅提升。

(2) 社会价值

随着我国综合国力不断增强，工艺美术和中华民族传统美术理念已经逐渐融入到视觉传达设计之中，并由此唤起了国民对于传统民族文化的重视。从这一角度进行分析，工艺美术和视觉传达设计相结合，不仅可以激发人们对于传统民族文化的自豪感，而且还能够帮助设计师们持续探索具有丰富内涵的民族传统文化设计理念，将更多的工艺美术资源融入到现代化视觉传达设计中，扩大我国传统工艺美术在全世界范围内的影响力。

(3) 应用价值

深入分析可以发现，工艺美术在视觉传达设计中具备较高应用价值，这种应用价值主要表现为社会价值、市场价值、经济价值。围绕社会价值进行分析可以发现，工艺美术的运用可使更多人对其产生兴趣，中国传统工艺美术保护的受关注程度可由此提升，在经济与社会快速发展的同时，民族精神与民族文化的传承也能够获得支持。

围绕市场价值进行分析可以发现，在面对同类产品时，具有表现力和设计感的产品更容易受到顾客青睐，这种青睐的源头为视觉吸引力。在市场经济体制下，我国传统工艺美术参与的商品竞争存在创新性不足问题，但通过在视觉传达设计领域运用，传统工艺美术与商品价值的融合即可获得途径支持，设计也将具备新的生命力，突破固有模式和传统商品设计概念，市场价值自然可因此大幅提升；围绕经济价值进行分析可以发现，相较于现代技术，传统工艺美术具备很多独到的工艺手法，这使得其能够赋予视觉传达设计独具特色的艺术价值和美感。以青花瓷为例，其清新淡雅的形象向来受到现代人的认可，能够较好满足追求恬逸的心理期许，这就使得视觉传达设计中青花瓷元素的应用极为常见，且相关设计取得了令人惊叹的经济效益。

5.4.3.2 工艺美术在视觉传达设计中的运用策略

(1) 注重创新性

为保证中国传统工艺美术较好运用于视觉传达设计，必须重点关注视觉传达设计的创新性和原创性。随着新媒体技术的快速发展，近年来视觉传达的传递模式日趋丰富化，信息的快速传递也使得人们对视觉感受的重视程度不断提升。为适应这种发展现状，设计师基于中国传统工艺美术的视觉传达设计需重点关注人们的感官体验，为充分调动受众的触觉、嗅觉、听觉，创新性和原创性的重要性必须得到设计师的高度重视，以此避免中国传统工艺美术运用引发大同小异的问题。

(2) 融入地域文化特色

为更好发挥中国传统工艺美术价值，工艺美术在视觉传达设计中的运用还需要关注不同地区的地域文化。随着视觉传达设计领域的快速发展，视觉传达设计中各类先进数字技术的应用日渐普遍，以画面为主导的视觉创新理念也开始成为视觉传达设计的关键所在，这就使得视觉传达设计本质正在逐步发生变化，这种变化与新媒体时代的到来存在较为紧密联系。为适应时代变化和发展，视觉传达设计中的国家传统工艺美术价值运用需关注地域文化特色的融入，同时还需要关注传统印刷行业的延续，并更为有效地丰富信息传递渠道，以此满足大众的充分互动和交流需要。深入分析可以发现，传统平面属于视觉传达设计主要关注的重点，作为图形、文字、声音的结合产物，其能够带来理想的感官体验，而通过融入地域文化特色，中国传统工艺美术即可更好服务于视觉传达设计。

(3) 体现时代多元化特征

受到全球化发展的影响，近年来世界文化与我国文化的交流日趋频繁，在国际文化的影响下，我国民众对一部分文化存在较为模糊的取向，处于民族化与个性化之间，这一现状能够对多元化的文化发展提供有力支持，多元化的文化表现也能够较好实现。为适应时代发展现状，传承优秀民族文化，更好的彰显民族品牌，视觉传达设计的中国传统工艺美术运用必须重点体现时代多元化特征，在展现地域文化特色的同时，还应关注工艺美术内涵的体现，由此现代视觉传达设计即可实现更高水平的中国传统工艺美术运用。

(4) 推动多层次发展

传统工艺美术和现代化美术设计相结合，形成了一种全新的工艺美术设计形式，持续推动新型艺术作品的发展，有利于持续推动多层次化建设，将其发展成为一种全新的艺术潮流趋势。这不仅对于视觉传达设计有积极影响，更有利于弘扬和发展我国传统的工艺美术和艺术文化。此外，各领域人们的文化水平、经济基础有一定的差异性，在进行视觉传达设计中，要重点关注不同层次人们的需求。对于部分层次较高的消费者，可以在其中融入一些高度设计元素，以此符合他们的消费理念。对于部分消费能力较低的人群，也可以增加一些更简单易懂的艺术，从而满足他们的发展需求。

参考文献

［1］Zhang B, Yang T, Hong H, et al. Research on Long Short-Term Decision-Making System for Excavator Market Demand Forecasting Based on Improved Support Vector Machine［J］. Applied Sciences, 2021, 11 (14):6367.

［2］程建新. 程建新:后疫情时代:设计创新的再思考［J］. 设计,2021,34(08):34-37.

［3］徐志磊. 设计工作的智能化［J］. 科技导报, 2016, 34(9):1.

［4］潘云鹤. 中国工业智能化的五个发展层次［J］. 纺织科学研究, 2019(11):2.

［5］Madni A, Madni C, Lucero S. Leveraging Digital Twin Technology in Model-Based Systems Engineering ［J］. Systems, 2019, 7(1):7.

［6］范凯熹. 工业互联网与人工智能时代的 3D 智能制造设计［R］. 报告地:柳州国际会展中心, 2020.

［7］Hekkert P, Leder H. Product Aesthetics［J］. Product Experience, 2008:259-285.

［8］程建新,鞠云. 设计的吊诡［J］. 设计,2015(01):34-39.

［9］Chen W. Analysis of Man-machine-environment System in Industrial Design and Comprehensive Evaluation of Products Man-machine Relationship［J］. IOP Conference Series Materials Science and Engineering, 2020, 746:012039.

［10］江滨,王飞扬. 路易斯·亨利·沙利文:"形式追随功能"的有机建筑师［J］. 中国勘察设计,2020(04):84-91.

［11］柳翰. 北欧家具对现代功能主义的继承与发展之研究［D］. 长沙:中南林学院,2004.

［12］郭治勋. 形式追随功能的产品设计创新研究［J］. 大众文艺,2015(13):125.

［13］Popov A D. The Composition Theory in Design and the Industrial Equipment Design［J］. IOP Conference Series Materials Science and Engineering, 2019, 698:033001.

［14］李晨,干静. 基于符号学的大型机械设备外观涂装设计［J］. 机械,2021,48(05):68-74.

［15］何思俊,徐伯初,向泽锐. 铁路货车涂装设计研究［J］. 包装工程,2015,36(16):77-81. DOI:10. 19554/j. cnki. 1001-3563. 2015. 16. 022.

［16］符蝶,陈筱. 农业机械产品涂装设计的设计要素［J］. 广西农业机械化,2019(03):32.

［17］Castillo Ellström O, Andersson T. A Guideline for Conducting Form Analysis of Branded Products: The Development of a Design Guideline Framework for Product-Producing Companies in a Brand Management Context［J］. 2019.

［18］Hyun K H, Lee J H, Kim M, et al. Style Synthesis and Analysis of Car Designs for Style Quantification Based on Product Appearance Similarities［J］. Advanced Engineering Informatics, 2015, 29(3):483-494.

［19］姚岚. 系列化产品设计方法探讨——手持电动工具系列化设计［J］. 艺术与设计(理论),2009(02):157-159. DOI:10. 16824/j. cnki. issn10082832. 2009. 02. 056.

［20］Battini D, Faccio M, Persona A, et al. New Methodological Framework to Improve Productivity and Ergonomics in Assembly System Design［J］. International Journal of Industrial Ergonomics, 2011, 41(1):30-42.

［21］Wang J W, Zhang J M. Research on Innovative Design and Evaluation of Agricultural Machinery Products ［J］. Mathematical Problems in Engineering, 2019.

［22］叶俊男. 基于价值共创视角的城市智慧照明综合装置形态设计评价方法研究［D］. 上海:华东理工大学,2018.

［23］唐智. 上海文化创意产业集聚区能级比较分析及提升［J］. 科学发展,2020(11):11.

［24］Wijngaarden Y, Bhansing P V, Hitters E. Character Trait, Context or… Create! Innovative Practices among Creative Entrepreneurs［J］. Industry and Innovation, 2021, 28(2):1-21.

［25］贾计东,张明路. 人机安全交互技术研究进展及发展趋势［J］. 机械工程学报,2020,56(3):15.

［26］Fishkin K P. A Taxonomy for and Analysis of Tangible Interfaces［J］. Personal and Ubiquitous Computing, 2004, 8(5):347-358.

［27］Zhou X, Wu Y, Polochova V. Product Conceptual Design Method Based on Intuitionistic Fuzzy Binary Semantics Group Decision Making［J］. Journal of Service Science and Management, 2019, 12(6):742-754.

［28］周志勇.感性工学与脑电技术融合的医疗护理设备设计与评价方法研究——以护理床为例［D］.上海:华东理工大学，2019.

［29］Mka B, Yk B, Si C. Kansei Engineering Study on Car Seat Lever Position［J］. International Journal of Industrial Ergonomics, 2021, 86: 103215.

［30］Mamaghani N K, Asadollahi A P, Mortezaei S R. Designing for Improving Social Relationship with Interaction Design Approach-ScienceDirect［J］. Procedia-Social and Behavioral Sciences, 2015, 201: 377-385.

［31］吴义祥.结合魅力因素构建与评价的产品形态设计过程研究［D］.上海:华东理工大学，2019.

［32］Hashim A M, Dawal S. Kano Model and QFD Integration Approach for Ergonomic Design Improvement ［J］. Procedia-Social and Behavioral Sciences, 2012, 57(Complete): 22-32.

［33］席乐.结合魅力因素及其评价的产品形态设计研究与应用［D］.上海:华东理工大学，2019.

［34］席乐,吴义祥,叶俊男,等.基于魅力因素的微型电动车造型设计［J］.图学学报,2018,39(04):661-667.

［35］Feng Y L, Chen C C, Wu S M. Evaluation of Charm Factors of Short Video User Experience Using FAHP-A Case Study of Tik Tok App［C］//IOP conference series: Materials science and engineering. IOP Publishing, 2019, 688(5): 055068.

［36］王鸽.高速列车座椅靠背的曲面优化设计研究［D］.上海:东华大学，2017.

［37］Cao H, Lei W. Product Identity Strategy Research on Equipment Manufacturing Industry［C］// IEEE International Conference on Computer-aided Industrial Design & Conceptual Design. 0.

［38］王艳.大型装备的表面涂装设计［D］.上海:东华大学.

［39］Wiklund M, Davis E, Trombley A, et al. User Interface Requirements for Medical Devices: Driving Toward Safe, Effective, and Satisfying Products by Specification［M］. CRC Press, 2021.

［40］Yvette. C919飞机驾驶舱［J］.设计,2019,32(02):42-43.

［41］Forbes M. Case Study on the Challenges and Responses of a Large Turnkey Assembly Line for the C919 Wing［R］. SAE Technical Paper, 2020.

［42］Smith R. Design Considerations for HVAC Systems in Wide-Body Commercial Aircraft［J］. 2021.

［43］Valle Moreno J M. The Impact of the Commercial Aircraft Corporation of China(COMAC) in the Aircraft Manufacturer Industry［D］. 2016.

［44］袁广宏,李继征,丁宝民,等.重型设备的气垫转运车设计［J］.液压气动与密封,2019, 8.

［45］Wen-Hao W U, Guo-bing C, Zi-Chun Y. The Application and Challenge of Digital Twin Technology in Ship Equipment［C］//Journal of Physics: Conference Series. IOP Publishing, 2021, 1939(1): 012068.

［46］Sanders A, Elangeswaran C, Wulfsberg J P. Industry 4.0 Implies Lean Manufacturing: Research Activities in Industry 4.0 Function as Enablers for Lean Manufacturing［J］. Journal of Industrial Engineering and Management(JIEM), 2016, 9(3): 811-833.

［47］Cavanillas J M, Curry E, Wahlster W. New Horizons for a Data-driven Economy: A Roadmap for Usage and Exploitation of Big Data in Europe［M］. Springer Nature, 2016.

［48］肖喜银.大数据时代工业设计新模式研究［J］.现代工业经济和信息化,2020,10(02):45-46. DOI: 10. 16525/j. cnki. 14-1362/n. 2020. 02. 18.

［49］高小红,裴忠诚.人机界面的发展历程［J］.水利电力机械,2006(02):64-66, 70.

［50］Yang D, Zhou J, Chen R, et al. Expert Consensus on the Metaverse in Medicine［J］. Clinical eHealth, 2022, 5: 1-9.

［51］Lee J. Smart Factory Systems［J］. Informatik-Spektrum, 2015, 38(3): 230-235.

［52］许辉."世界工厂"模式的终结?——对"机器换人"的劳工社会学考察［J］.社会发展研究,2019,6(01):143-162,245.

［53］姜红德.机器代人:新工业革命［J］.中国信息化,2015(12):30-31.

［54］万志远,戈鹏,张晓林,等.智能制造背景下装备制造业产业升级研究［J］.世界科技研究与发展,2018,40(03):316-327. DOI:10. 16507/j. issn. 1006-6055. 2018. 05. 001.

［55］Sloterdijk P. Controversial Philosopher Says Man And Machine Will Fuse Into One Being［J］. New Perspectives Quarterly, 2015, 32(4): 10-16.